增材制造技术丛书
ZENGCAI ZHIZAO JISHU CONGSHU

i课书房
新/形/态/教/材

产品后处理

主　编○周立新　王　晖
陈晓旭

重庆大学出版社

内容提要

本书共有 5 个项目，分别介绍了多孔位排插产品后处理、花洒产品后处理、扳手产品后处理、简易模具产品后处理、汽车把手产品后处理。每个项目对应一个案例，每个案例对应一种 3D 打印成型工艺的后处理；每个项目包含若干任务，由相关理论、实践训练、项目小结、实践与评价、课后习题等组成。

本书可作为中职、高职机械类专业、机电类专业 3D 打印技术应用教材，也可作为相关 3D 打印岗位培训教材。

图书在版编目(CIP)数据

产品后处理 / 周立新，陈晓旭，王晖主编. -- 重庆：重庆大学出版社，2020.5

(增材制造技术丛书)

ISBN 978-7-5689-1765-0

Ⅰ. ①产… Ⅱ. ①周… ②陈… ③王… Ⅲ. ①立体印刷—印刷术—教材 Ⅳ. ①TS853

中国版本图书馆 CIP 数据核字(2019)第 176907 号

产品后处理

CHANPIN HOUCHULI

主　编　周立新　陈晓旭　王　晖

副主编　陈俊清　张济明　晏　洁　胡　超

策划编辑：周　立

责任编辑：文　鹏　邓桂华　　版式设计：周　立

责任校对：邹　忌　　责任印制：张　策

*

重庆大学出版社出版发行

出版人：饶帮华

社址：重庆市沙坪坝区大学城西路 21 号

邮编：401331

电话：(023)88617190　88617185(中小学)

传真：(023)88617186　88617166

网址：http://www.cqup.com.cn

邮箱：fxk@cqup.com.cn (营销中心)

全国新华书店经销

重庆华林天美印务有限公司印刷

*

开本：787mm×1092mm　1/16　印张：12.5　字数：315千

2020 年 5 月第 1 版　　2020年 5 月第 1 次印刷

ISBN 978-7-5689-1765-0　定价：39.00 元

序　言

自2015年以来,国务院以及相关部委相继印发了《中国制造2025》《"十三五"国家战略性新兴产业发展规划》《"十三五"先进制造技术领域科技创新专项规划》等文件,对以3D打印、工业机器人为代表的先进制造技术进行了全面部署和推进实施,着力探索培育新模式,着力营造良好发展环境,为培育经济增长新动能、打造我国制造业竞争新优势、建设制造强国奠定扎实的基础。

佛山市南海区盐步职业技术学校紧跟国家产业导向、顺应产业发展需要,以培养符合时代要求的高素质技能人才为己任,联合佛山市南海区广工大数控装备协同创新研究院,携同广东银纳增材制造技术有限公司,专门成立编委会,以企业实际案例为载体,组织编著了涵盖3D打印技术前端、中端、后端全流程以及工业机器人等先进制造技术的五本系列教材。该系列教材由焦玉君同志任编委会主任,华群青、熊薇等两位同志任编委会副主任,编委包括周立新、陈俊清、黄桂胜等49位来自高校、职业院校以及企业界的专家学者和业务骨干。

本书为系列丛书之四,较详细地从拆支撑处理、打磨处理、喷漆处理等方面介绍了针对各类3D打印工艺的后处理方法;并依据"项目化""任务驱动"理念对内容进行合理编排,将理论与实操任务相结合,着重培养学生的职业综合技能,书中内容清晰明了、图文并茂、简单易学。本教材的基本定位是中职、高职机械类以及机电类专业的3D打印技术应用教材,亦可作为广大3D打印爱好者、3D打印从业者自学用书或参考工具书。

本书由佛山市南海区盐步职业技术学校的周立新、佛山职业技术学院王晖、佛山市南海区广工大数控装备协同创新研究院陈晓旭担任主编。佛山市南海区盐步职业技术学校的周立新、陈俊清、张济明负责本书项目一、项目二的撰写,佛山职业技术学院的王晖负责项目三的撰写,佛山市南海区广工大数控装备协同创新研究院陈晓旭、晏洁、胡超负责项目四、项目五的撰写。在编写过程中,广东银纳增材制造技术有限公司、中峪智能增材制造加速器有限公司、北京天远三维科技有限公司、3D Systems等提供了大量帮助,在此一并表示感谢!

编　者

2020年1月

目 录

项目 1

多孔位排插产品后处理

任务 1.1　项目内容

小明是一个 3D 打印爱好者,但技术较为生疏,平时都是按照说明书进行 FDM 设备的打印制作,一般都是打印一些常规模型,且这些模型都不需要支撑结构,打印完即可使用。近期小明为了挑战自己,设计了一款排插模型,该模型由多个零件组成,且打印过程中会产生支撑结构。小明将模型打印出来后,却不知道该如何进行后处理,作为小明的同学,你想帮助小明完成这个后处理的操作,使工件能够顺利组装成功。

根据小明的需求,我们可以列出本项目的任务内容:

产品使用 FDM 工艺制造,由多个零件组装而成,一次打印全部零件。

产品需拆除支撑,并进行打磨、攻螺纹、装配等后处理工序。

1.1.1　内容简介

根据小明的需求,对使用 FDM 工艺制造的多孔位排插产品进行后处理。后处理主要工序为拆除支撑→打磨→清洗→攻丝→装配。在完成后处理各个工序后,还需要对产品进行合格性检验,保证多孔位排插产品达到小明的要求。

1.1.2　要求简介

对多孔位排插产品进行拆除支撑、打磨、清洗、攻丝、装配处理。针对以上工序的具体要求如下:

①去支撑:工件各个表面支撑完全去除,无残留、表面平整、没有在拆支撑时因方法不当而出现表面崩碎的痕迹。

②打磨:将产品表面毛刺等缺陷全部打磨平整。

③清洗:将产品在打磨时附着的粉末全部清洗干净。

④攻丝:攻丝时,保证丝锥与工件相对垂直。

⑤装配:各个零件无错位。

完成以上工序后进行检验,主要包含:

①尺寸:使用游标卡尺、千分尺等量具检验产品关键尺寸,其值必须在工艺文件规定范围内。

②外形:对比3D模型图档,不能有变形等缺陷;装配部位无错位。

③外表面:打磨表面平整,无毛刺,接缝处飞边全部去除。

1.1.3 需求分析

本项目需要制造的产品为一个花洒头产品,生产批量为单件生产,其主要用途是作为样品测试件进行技术验证。在此条件下,无法使用传统的模具等工艺制造,使用模具制造会使测试、验证阶段的成本极高,故选用SLA工艺制造。

在本项目中,小明需要使用FDM工艺制造一个多孔位排插产品。多孔位排插产品由多个零件组成,在此条件下,对使用FDM工艺制造多孔位排插产品进行后处理时,需注意装配间隙、攻丝等工序,适当提高操作精度,降低装配操作时的难度。

在快速制造技术中,直接使用相关工艺直接制造出来的产品往往是无法满足工艺文件要求的,为了达到工艺文件的要求,就需要进行产品的后处理。良好的后处理,在快速制造技术中非常重要,而该多孔位排插产品,除了FDM工艺常规的拆支撑、打磨外,还需要进行攻丝处理。因此对花洒产品后处理时,表面要求会比较高。

1.1.4 产品后处理前后对比

图1.1.1 产品后处理前

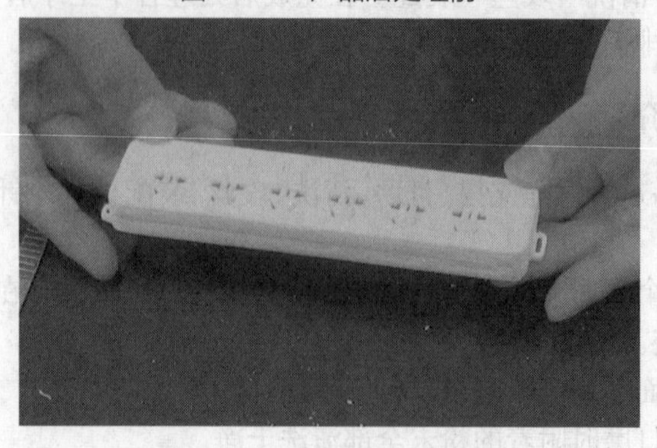

图1.1.2 产品完成后处理

1.1.5 任务目标

(1)能力目标

- 能够完成前期处理操作;
- 能够完成中期处理操作;
- 能够完成后期处理操作。

(2)知识目标

- 了解 SLA 后处理操作要点;
- 了解 SLA 后处理使用工具;
- 了解 SLA 后处理操作流程。

(3)素质目标

- 具有严谨求实精神;
- 具有团队协同合作能力;
- 能大胆发言,表达想法,进行演说;
- 能小组分工合作,配合完成任务;
- 具备 6S 职业素养。

任务 1.2 手板

1.2.1 手板

手板在国内通用的叫法有手办、手板、样板、样件、模型等。手板有几重含义,但它们都有一个共性,即是由数据包、图纸、采用不同的加工方式,以单件生产的方式制造出的实物零件。

(1)手板的来源

①采用增材制造法制造出的零件;
②采用 CNC 技术制造出的零件;
③采用快速模具技术制造出的零件;
④采用手工技术制造出的零件;
⑤实物零件;
⑥以 RP 原型,采用消失法制造出的铸件;
⑦采用等材制造技术制造出的零件;
⑧采用低压灌注技术制造出的零件;
⑨采用数码累积成型技术制造出的零件;
⑩采用高速切削成型技术制造过的零件。
随着基础研究的深入,还有未被列入的原理性和处在原型机阶段的试验机。

(2)手板的作用

①检验外观设计:色彩、美观性、触感等软性指标;

②检验结构设计:功能评估;

③检验配合设计;

④检验干涉;

⑤避免直接开模具的风险性;

⑥使产品面世时间大大提前;

⑦有效地提高产品开发速度;

⑧手板还可以拓展其真实模拟考量,满足商业实际运作,比如报样招标、预测市场、单一制造以及同一品种不同外观等,获取上市前最后的定型。

1.2.2 手板后处理的意义

①控制零件表面粗糙度;

②控制零件各项技术指标;

③控制零件装配关系、提高拼接质量、控制尺寸链;

④控制前期制作时的零件缺陷;

⑤提高零件尺寸精度。

1.2.3 后处理的原理

(1)增材制造

增材制造(Addtive Manufacturing,AM)是采用材料逐渐累加的方法制造实体零件的技术,相对于传统的材料切削加工技术,它是一种"由下而上"(botom-up)的制造方法。它是基于离散-堆积成形原理的先进制造技术,可由产品的三维 CAD 模型数据直接驱动,组装(堆积)单元材料而制造出任意复杂且具备使用功能的零件的科学技术。

增材制造技术可以在不用模具的条件下生成几乎任意复杂的零部件,极大地提高了生产效率和制造柔性。它可以在原始设计的基础上快速生成实物,也可以用来放大、缩小、修改和复制实物,使设计师可从实物出发,快速找出不足,不断改进、完善设计。近 20 年来,增材制造技术取得了快速的发展。

(2)层叠机理

快速成型技术从成型思想上突破了传统的成型方法,其基本构思是:任何三维零件都可以看作许多等厚度的二维平面图形沿某一坐标方向叠加面成,即"分层制造、逐层增加"的构造思想。

RP 技术是采用增材型的制造方法,将几何模型的三维数据分解为二维数据,再由成形设备将二维数据叠加成形,其过程是一个分解与集合的过程。

Reeve 和 C. J. Luis Perez 通过对光固化成型机理进行研究,推导出表面粗糙度的计算公式,分析成型过程中各参数对表面粗糙度的影响,从而对成型过程中的各参数如分层厚度等进行控制,得出最优的表面质量。国内也有西安交通大学赵万华和华中科技大学邹建峰做了相关的研究。

但在实际制造中,由于受加工时间、材料性能和制造工艺等因素的影响,厚度不可能无限小。现在的成型工艺中,层厚最小也为 0.025 mm,因此,用单元实体近似表达光滑曲面是分层制造的基本特点,这一特点决定了分层不可避免地存在几何失真,且这种几何失真与分层制造的方法、工艺、设备无关,纯粹是由数学上的近似处理产生的。而几何失真降低了制件的成型精度。

另外,一些微细特征(如尖点)在分层处理时可能会在两个层面之间导致特征丢失,还有平坦区域的特征改变等。

(3)台阶效应

由于增材制造技术的成型原理是叠加成型,因此不可避免地会产生台阶效应。这是由叠加成型的制造方法决定的。当模型表面与零件的制作方向有一定的角度时,就会产生台阶效应。零件的表面只是原CAD模型表面的一个阶梯近似(除水平和垂直面外),当零件表面为斜面或曲面时,倾斜角越小,台阶效应的影响就越明显。这不仅破坏了零件表面的连续性和光洁程度,而且也不可避免地丢失了两切片层间的信息,从而导致零件产生形状和尺寸上的误差。

任务1.3　后处理工艺

1.3.1　后处理分类

(1)按处理方式分类

分为去除后处理和涂覆后处理两大类。

(2)按处理目的分类

①表面光洁后处理,包括打磨、抛光等;

②表面着色后处理,有单色、套色等;

③表面修复后处理,当手板表面有气孔等缺陷时采取相应材料修补;

④表面装饰后处理,有手板描绘等措施;

⑤表面镶嵌后处理,必要时可镶嵌其他材料的部件;

⑥表面强化后处理,采用电化学镀膜复合强化工艺加强表面强度,或采用添加背衬、内嵌金属强化部件等方法加强整体结构强度;

⑦特殊要求后处理,即按客户要求进行的处理。

(3)按处理工艺分类

①手工后处理:手工打磨就是利用锐利、坚硬的材料,摩削较软的手板材料表面,使手板达到技术指标。

②基于设备后处理:借助于机器设备、专业机械打磨工具,达到对零件表面进行改善的目的。

1.3.2 后处理工艺

(1)打磨

在任何一种高速机制加工下诞生的零件,其本身或多或少带有加工产生的痕迹——毛刺、阶梯效应、波浪纹等。所以要对零件进行表面打磨整形,清除零件表面上的成型加工痕迹、缺陷,从而提高零件表面平整度,降低粗糙度,使零件表面平滑、光洁、凸显细节,达到设计时的技术指标。

手工打磨就是利用锐利、坚硬的材料,磨削较软的手板材料表面,使手板达到技术指标。手工打磨是最原始、最有效的控制技术指标的工艺。其工艺编制简单运用灵活,行之有效,在出现问题或者预见问题时,可随时调整工艺,其性价比和效率极高,当然,这需要理论和实践经验丰富的结合才能达到。打磨在手板制作中是一项非常重要的工作,它起着承上启下的作用。在快速制造行业里,制作手板的材料具备多样性,针对手板材料的打磨方法有干磨、水磨、油磨、蜡磨等。打磨根据精细程度又分粗磨、平磨、细磨、抛光。

(2)喷砂

喷砂是采用压缩空气为动力,形成高速喷射束将喷料(石英砂)高速喷射到需要处理的工件表面,以磨料对工件表面的冲击和切削作用,使工件的表面获得一定的清洁度和不同的粗糙度。

在手板后处理中选用喷砂工序,可清理零件表面的微小毛刺,使零件表面更加平整。喷砂还能在零件表面交界处打出很小的圆角,使零件显得更加美观、精密喷砂还可随意实现不同程度的反光或亚光。

在实施喷砂处理时需要注意以下几点:

①喷砂机接入的气源应该是纯净气体或者净化气体,防止气体含有的水、油等污物污染沙粒给后期工作带来不便。

②砂号可以在80~240目选择。以白刚玉、白色石英砂为主。其他颜色的石英砂也可以,但对原型件的外观有视觉上的影响,原因就是对原型件本体的颜色污染。

③喷砂机经过一段时间的工作后,应该及时清理过滤器的脏污。经过一段时间的工作后,因石英砂切削力的降低,导致能效比降低,应及时更换石英砂。

④喷砂机排气出口要注意防止环境污染,必要时加装二级过滤器。操作喷砂机时,注意个人防护用品到位,以防职业病侵害。

(3)涂覆

涂覆工艺适用于大多数形状的复杂零件后处理环节,该方法可在一定程度上减小台阶效应影响,提高零件表面质量,且不会明显影响零件细节特征和尺寸。

涂覆是指在零件表面覆盖上一层材料。可以使用浸涂、手工刷涂、喷涂等方法,在基件表面覆盖一层材料。

浸涂:将零件全部浸没在涂覆用液体(如光敏树脂)中,待各部位都沾上涂覆液后,将被涂物提起离开涂覆液,自然或强制地使多余的涂覆液滴回槽内,经干燥后在被涂物表面形成涂膜。

手工制涂:人工用毛刷蘸取涂覆液涂刷于零件表面。

喷涂:通过喷枪或雾化器,借助于压力或离心力,将涂覆材料分散成均匀而微细的雾滴施涂于被涂物表面。

使用涂覆工艺时,涂覆材料在零件表面铺开,填补了零件因成型时的台阶效应而导致的表面细微台阶。涂覆过的零件表面更平整、有光泽,细节特征无明显损失,测量零件尺寸不会有明显变化。

(4)喷漆

喷漆是对经检验合格后的产品、半成品进行覆盖的表面处理。喷漆可起到防锈、防腐、美观及标志的作用。在喷漆前必须进行前处理,此时要对进行喷漆的产品进行整体检查,并对可修复的缺陷进行修整、补救。

喷漆时,较大工件可以采用喷枪,中小工件则推荐使用喷笔。喷嘴与被喷面距离一般以20~30 cm为宜,喷涂前需使用清洁剂清洁工件表面,并进行干燥后方可进行喷漆操作。针对可能出现的喷涂缺陷,可以采用腻子、补土等进行修补。喷涂完成后需在恒温烤箱内以35~40℃烘烤不少于30分钟,确保漆面完全干燥。

喷漆工艺主要分为以下几步:

①喷底漆;

②喷面漆;

③打蜡抛光。

(5)印刷

丝网印版的部分网孔能够透过油墨,漏印至承印物上;印版上其余部分的网孔堵死,不能透过油墨,在承印物上形成空白。印刷时,在丝网印版的一端倒入油墨,油墨在无外力的作用下不会自行通过网孔漏在承印物上,当用刮墨板以一定的倾斜角度及压力刮动油墨,油墨通过网版转移到网版下的承印物上,从而实现图像复制(印刷出来的图案是凸起来的)。

丝印的优点:

①成本低、见效快;

②适应不规则承印物表面的印刷;

③附着力强、着墨性好;

④墨层厚实、立体感强;

⑤印刷对象材料广泛,印刷幅面大。

移印(曲面印刷)指用一块柔性橡胶,将需要印刷的文字、图案印刷至含有曲面或略为回凸面的塑料成型品的表面。移印是先将油墨放入雕刻有文字或图案凹版内,随后将文字或图案复印到橡胶上,再利用橡胶将文字或图案转印至塑料成型品表面,最后通过热处理或紫外线光照射等方法使油墨固化。

(6)电镀、真空镀

电镀是利用电极通过电流,使金属附着于物体表面,其目的是改变物体表面的特性或尺寸。电镀一般分为湿法电镀和干法电镀两种。湿法就是平常所说的水镀,干法就是平常说的真空镀。水镀是把镀层金属通过电极法,产生离子置换附着到镀件表面;而真空镀是利用高压、大电流,使镀层金属在真空的环境下,瞬间气化成离子再蒸镀到镀件表面。水镀附着力好,后期不需要其他处理;真空镀附着力较差,一般需要在表面做PU或者UV。PC不可以电镀,复模件不可以水镀,只可以真空镀。水电镀颜色较单调,常见的水镀有镀铬、镍、金等,而真空电镀可以解决七彩色的问题。工件的表面必须用 1 500 ~ 2 000 目砂纸打磨,然后抛光才可以进行水镀,因此水镀的工件一般都非常昂贵。真空镀在镀件前对打磨的要求可以稍微差点,用 800 ~ 1 000 目的砂纸即可,因此真空镀也相对比较便宜。

(7)金属的氧化、钝化、发黑、磷化

金属的氧化处理是金属表面与氧或氧化剂作用而形成保护性的氧化膜,防止金属腐蚀。氧化分为化学氧化和电化学氧化(即阳极氧化)。

化学氧化所产生的氧化膜较薄,厚度为 0.3 ~ 4 pm,多孔,有良好的吸附能力,质软不耐磨,导电性能好,适用于有屏蔽要求的场合,可着上各种各样的颜色,在其表面再涂漆,可有效地提高制品的耐蚀性和装饰性。

阳极氧化所产生的氧化膜较厚,厚度一般为 520 pm,硬质阳极氧化膜厚度可达 60 ~ 2 500 pm,硬度高,耐磨性能好,化学稳定性好,耐腐蚀性能好,吸附能力好,有很好的绝缘性能,绝热抗热性能强,可着上各种各样的颜色。例如铝和铝合金经氧化处理,特别是阳极氧化处理后,其表面形成的氧化膜具有良好的防护装饰等特性,因此,被广泛应用于航空、电气、电子、机械制造和轻工业等方面。

在一定条件下,当金属的电位由于外加阳极电流或局部阳极电流而移向正方向时,原来活泼溶解的金属表面状态会发生突变,金属的溶解速度急速下降,这种表面状态的突变过程叫作钝化。钝化可以提高金属材料的耐蚀性能,促使金属材料在使用环境中钝化,提高金属的机械强度,是腐蚀控制的最有效途径——钝化增强了金属与涂膜的附着力。

表面发黑处理,也被称为发蓝。发黑处理现在常用的方法有传统的碱性加温发黑和出现较晚的常温发黑两种。发黑所得保护膜呈黑色,提高了金属表面的耐蚀能力和机械强度,并且还可以作为涂料的良好底层(不锈钢不可以发黑处理,铁的发黑效果最佳)。

表面磷化就是用锰、锌、铁等金属的正磷酸盐溶液处理金属表面,使其生成层不溶性磷酸盐保护膜的过程。磷化处理后生成的保护膜可以提高金属的绝缘性和抗腐蚀性,提高工件的防护和装饰性能,并且还可以作为涂料的良好底层。金属表面磷化处理方法分为冷磷化(常温磷化)、热磷化、喷淋磷化以及电化学磷化等几种。磷化处理在汽车工业中是对汽车覆盖件、驾驶室、车箱板等涂漆零件的涂前处理的主要方法,要求磷化膜细密、平滑、均匀、厚度适中并且具有一定耐热性。

(8)拉丝、咬花处理

拉丝处理是通过研磨产品在工件表面形成线纹,起到装饰效果的一种表面处理手段。拉丝能够很好地体现金属材料的质感,可使金属表面获得非镜面般金属光泽,根据表面效果不同可分为直丝(发丝纹)和乱丝(雪花纹)。根据拉丝效果的要求、不同的工件表面的大小和形状选择不同,拉丝分为手工拉丝和机械拉丝两种方式。丝纹类型的好差具有很大的主观性。每个用户对表面线纹的要求不同,对线纹效果的喜好不同,因此必须要有拉丝的样板才能加工出用户喜欢满意的效果。圆弧(弧面和直面交接处,拉丝不均匀)及漆面(金属颜色表面可拉细小的丝纹)均不宜拉丝。

以上仅仅是一部分面处理的技术和专业工艺,还有一些特殊要求以便延伸手板的功能性,如:

①表面封蜡、保护膜面、局部复合面后处理；
②高压嵌入、挤压、雕刻机堆塑浮雕工艺；
③车、铣、钻等辅助工艺；
④复合粘接工艺等。

任务1.4　后处理的工具与耗材

1.4.1　量具

(1)游标卡尺

游标卡尺，是一种测量长度、内外径、深度的量具。游标卡尺由主尺和附在主尺上能滑动的游标两部分构成。主尺一般以毫米为单位，而游标上则有10、20或50个分格，根据分格的不同，游标卡尺可分为10分度游标卡尺、20分度游标卡尺、50分度游标卡尺等，游标为10分度的有9 mm，20分度的有19 mm，50分度的有49 mm。游标卡尺的主尺和游标上有两副活动量爪，分别是内测量爪和外测量爪，内测量爪通常用来测量内径，外测量爪通常用来测量长度和外径。

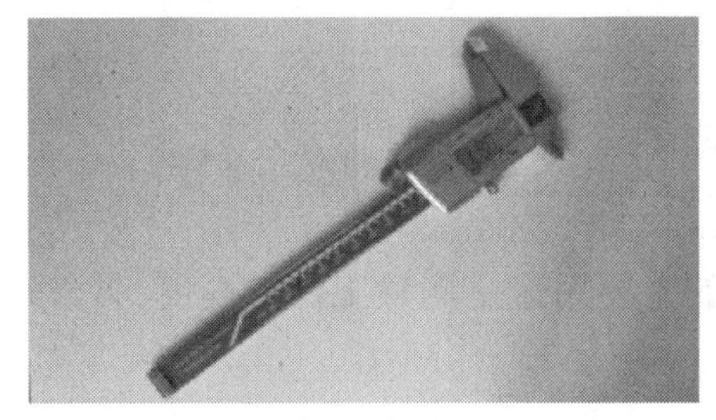

(a)带表游标卡尺

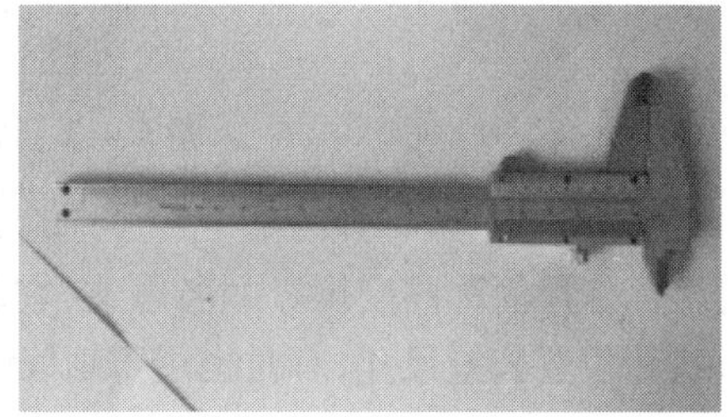

(b)机械游标卡尺

图1.4.1　游标卡尺

(2)螺旋测微器

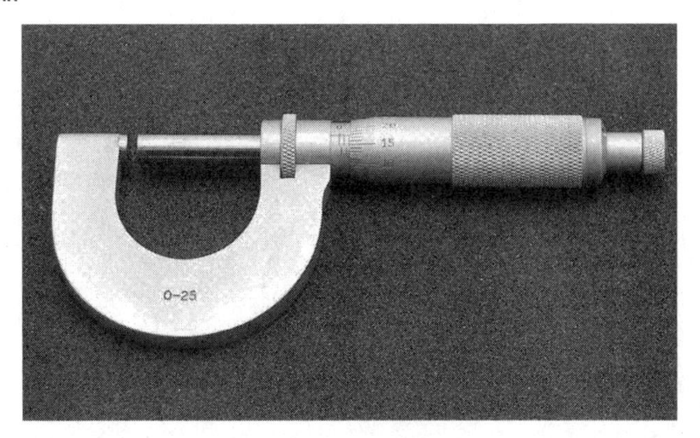

图1.4.2　螺旋测微器

螺旋测微器又称千分尺(micrometer)、螺旋测微仪、分厘卡，是比游标卡尺更精密的测量长度的工具，用它测长度可以准确到0.01 mm。它的一部分加工成螺距为0.5 mm的螺纹，当它在固定套管 B 的螺套中转动时，将前进或后退，活动套管 C 和螺杆连成一体，其周边等分成 50 个分格。螺杆转动的整圈数由固定套管上间隔为 0.5 mm 的刻线去测量，不足一圈的部分由活动套管周边的刻线去测量，最终测量结果需要估读一位小数。

(3) 深度游标卡尺

深度游标卡尺用于测量凹槽或孔的深度、梯形工件的梯层高度、长度等尺寸，平常简称为"深度尺"。测量内孔深度时，应把基座的端面紧靠在被测孔的端面上，使尺身与被测孔的中心线平行，伸入尺身，则尺身端面至基座端面之间的距离就是被测零件的深度尺寸。它的读数方法和游标卡尺完全一样。

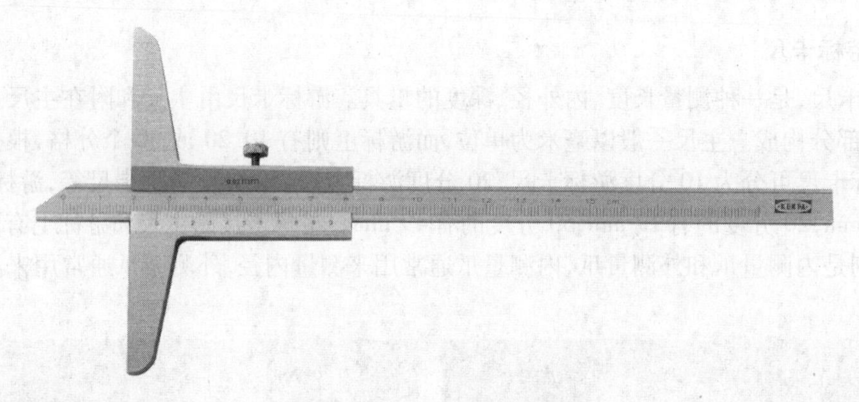

图 1.4.3　深度游标卡尺

(4) 高度游标卡尺

高度游标卡尺简称高度尺。顾名思义，它的主要用途是测量工件的高度，另外还经常用于测量形状和位置公差尺寸，有时也用于划线。

图 1.4.4　高度游标卡尺

(5) 万能角度尺

万能角度尺又称为角度规、游标角度尺和万能量角器，是利用游标读数原理来直接测量工件角或进行画线的一种角度量具。万能角度尺适用于机械加工中的内、外角度测量，可测0°～320°外角及40°～130°内角。

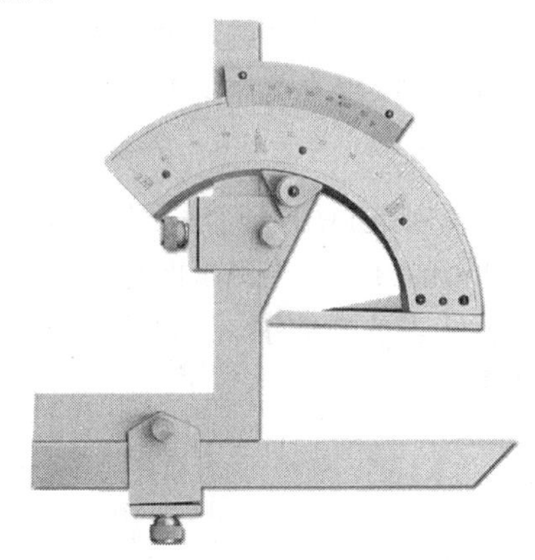

图1.4.5　万能角度尺

万能角度尺的读数机构是根据游标原理制成的。主尺刻线每格为1°。游标的刻线是取主尺的29°等分为30格，因此游标刻线角格为29°/30，即主尺与游标一格的差值为2′，也就是说万能角度尺读数准确度为2′。除此之外还有5′和10′两种精度。其读数方法与游标卡尺完全相同。

(6)钢直尺

钢直尺用于测量零件的长度尺寸，它的测量结果不太准确。这是由于钢直尺的刻线间距为1 mm，而刻线本身的宽度就有0.1～0.2 mm，所以测量时读数误差比较大，只能读出毫米数，即它的最小读数值为1 mm，比1 mm小的数值只能估计而得。

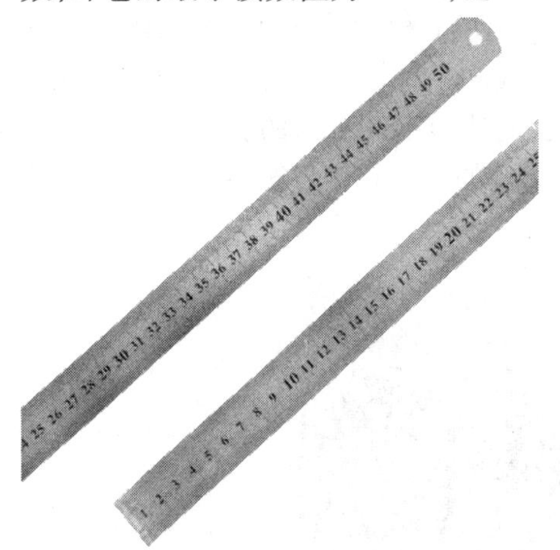

图1.4.6　钢直尺

图1.4.7　塞尺

如果用钢直尺直接去测量零件的直径尺寸(轴径或孔径)，则测量精度更差。其原因是：除了钢直尺本身的读数误差比较大以外，还由于钢直尺无法正好放在零件直径的正确位置。所以，零件直径尺寸的测量，也可以利用钢直尺和内外卡钳配合起来进行。

(7)塞尺

塞尺是由一组具有不同厚度级差的薄钢片组成的量规，用于测量间隙尺寸。在检验被测尺寸是否合格时，可以用通此法判断，也可由检验者根据塞尺与被测表面配合的松紧程度来判断。塞尺一般用不锈钢制造，最薄的为0.02 mm，最厚的为3 mm。自0.02～0.1 mm，各钢片厚度级差为0.01 mm；自0.1～1 mm，各钢片的厚度级差一般为0.05 mm；自1mm以上，钢片的厚度级差为1 mm。除了公制以外，也有英制的塞尺。

(8)半径规

半径规，也叫R样板、R规。R规是利用光隙法测量圆弧半径的工具。测量时必须使R规的测量面与工件的圆弧完全紧密的接触。当测量面与工件的圆弧中间没有间隙时，工件的圆弧半径则为此时对应的R规上所表示的数字。由于是目测，故准确度不是很高，只能作定性测量。每个量规上有5个测量点。

图1.4.8　半径规

图1.4.9　百分表

(9)百分表

百分表是美国的B.C.艾姆斯于1890年发明的，常用于形状和位置误差以及小位移的长度测量。百分表的圆表盘上印制有100个等分刻度，即每一分度值相当于量杆移动0.01 mm。若在圆表盘上印制有1 000个等分刻度，则每一分度值为0.001 mm，这种测量工具即称为千分表。改变测头形状并配以相应的支架，可制成百分表的变形品种，如厚度百分表、深度百分表和内径百分表等。如用杠杆代替齿条可制成杠杆百分表和杠杆千分表，其示值范围较小，但灵敏度较高。此外，它们的测头可在一定角度内转动，能适应不同方向的测量，结构紧凑。它们适用于测量普通百分表难以测量的外圆、小孔和沟槽等的形状和位置误差。

图1.4.10　划线平台

(10)划线平台

划线平板主要用于机械、机床制造、电子、电力等20多种行业，其中以重工业使用最为普遍，占总产量的95%。近年来，由于一些民营企业的加入，铸铁平板的产量明显增加，使铸铁平板的使用在小企业的占有比例上有了一些变化。由于社会的发展，电子行业也在加入使用铸铁平板的队伍。

1.4.2　工具

(1)角磨机

电动角磨机就是利用高速旋转的薄片砂轮以及橡胶砂轮、钢丝轮等对金属构件进行磨削、切削、除锈、磨光加工。角磨机适合用来切割、研磨及刷磨金属与石材，作业时不可使用水。切割石材时必须使用引导板。针对配备了电子控制装置的机型，如果在此类机器上安装合适的附件，也可以进行研磨及抛光作业。

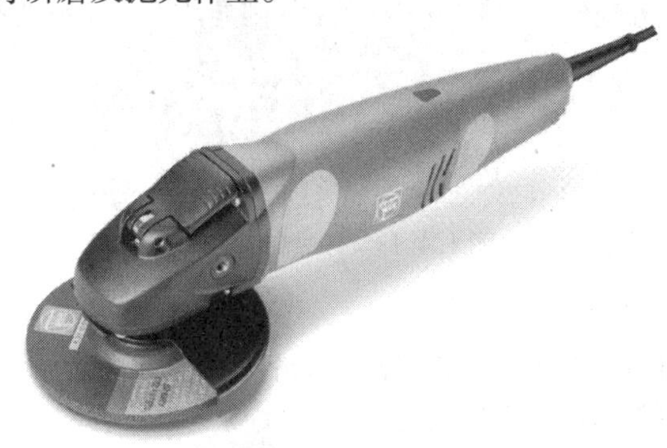

图1.4.11　角磨机

(2)砂轮机

砂轮机是用来刃磨各种刀具、工具的常用设备，也用作普通小零件进行磨削、去毛刺及清理等工作。其主要由基座、砂轮、电动机或其他动力源、托架、防护罩和给水器等所组成，可分为手持式砂轮机、立式砂轮机、悬挂式砂轮机、台式砂轮机等。

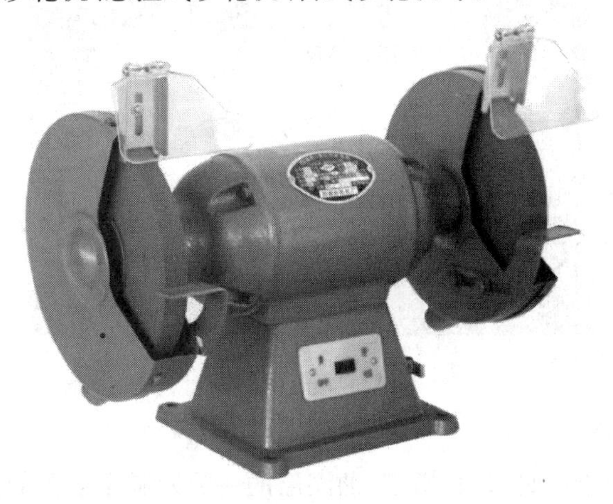

图1.4.12　台式砂轮机

(3)喷砂机

喷砂机，利用压缩空气将颗粒状物料从一处输送到另一处，由动能转化为势能的过程中，使高速运动着的砂粒冲刷物体表面，达到改善物体表面质量的作用。

喷砂机主要有干式喷砂机、液体喷砂机、冷冻喷砂机几种，目前工业常用的主要是干式喷砂机、液体喷砂机。

图 1.4.13　干式喷砂机

(4) **电动打磨机**

电动打磨机全称为往复式电动抛光打磨机（又名锉磨机），广泛用于模具行业的精加工及表面抛光处理，是一款同类气动产品的替代品。

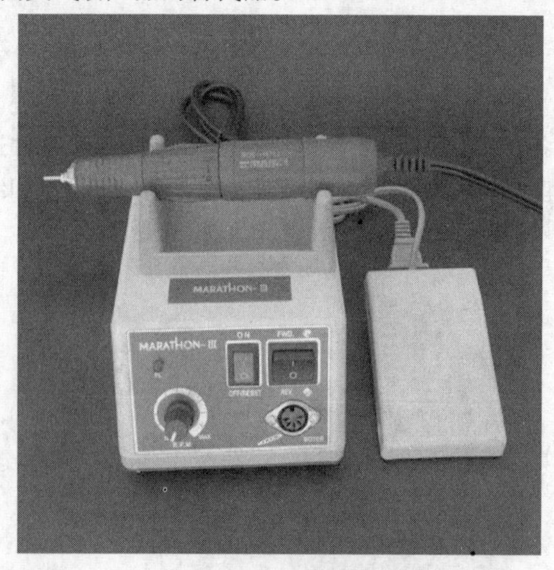

图 1.4.14　电磨机

(5) **气动打磨机**

气动打磨机一般用于金属磨削、切割，油漆层的去除及腻子层的打磨等工作。气动打磨机有盘式打磨机、轨道式打磨机及砂带机等。

(6) **恒温烘箱**

恒温烘箱可用于干燥、固化、烘烤、熔蜡及消毒等。

图 1.4.15　气动打磨机

图 1.4.16　恒温烘箱

(7)紫外光固化箱

紫外光固化箱使用一定波长的紫外光作为光源,主要用于 SLA 工艺中工件的二次固化。

图 1.4.17　紫外光固化箱

(8)工业吸尘器

工业吸尘器是工业上常用的一种配套或保洁的设备,可用于工业生产过程中废弃物的收集、空气的过滤和净化以及环境清扫,同时可与工业生产设备配套使用,吸取生产中产生的粉尘、碎屑,确保工作环境的清洁和员工的健康。比如,工业吸尘器大量使用于纺织和化工行业,减少了一些职业病的危害;能够吸收机械加工产生的金属碎屑,防止损伤机器设备。

(9)水幕机

水幕机,通过管道泵循环将水箱内经过过滤的水抽至上部水槽,由水槽溢流至水帘板形成水帘,并通过离心风机的离心力将水箱内的水形成涡卷,产生多层水幕;然后,喷枪在喷漆室涂装工作所飘散的漆雾由吸风引导,冲洗在水里,经漆雾漆净化器之水帘和水雾的冲洗过滤,再经气水分离器挡漆板收集过滤网,从而完成漆雾净化起到环保的作用,保证了操作人员健康、良好的工作环境。

图1.4.18 工业吸尘器

图1.4.19 水幕机

(10)空气压缩机

空气压缩机是一种用来压缩气体的设备。空气压缩机与水泵构造类似。大多数空气压缩机是往复活塞式,旋转叶片或旋转螺杆。在3D打印领域,空压机主要是为喷漆、喷砂等提供气源。

图1.4.20 空气压缩机

(11)喷枪

喷枪是利用液体或压缩空气迅速释放作为动力的一种设备。喷枪分为普压式和加压式两种。喷枪还有压力式喷枪、卡乐式喷枪、自动回收式喷枪。

喷枪在行业中的应用可直接装涂料使用,即简单的喷枪,可安装于自动化设备中,如自动喷胶机、自动涂胶机、自动喷漆机、涂覆机等喷涂设备。

(12)热熔胶枪

在进行产品后处理时,经常需要使用热熔胶黏合东西,此时,使用热熔胶枪挤胶会非常方便。

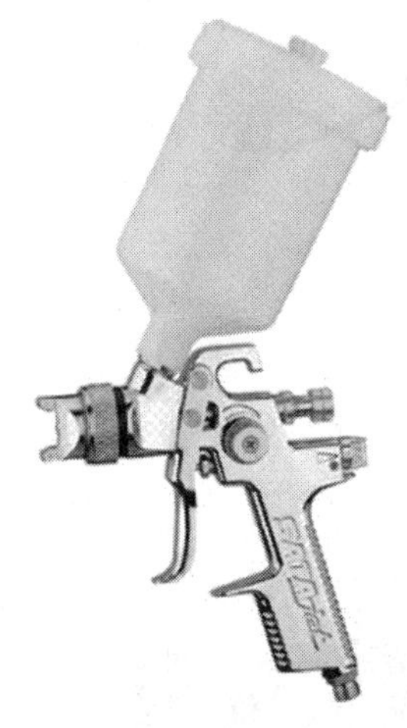

图1.4.21　喷枪

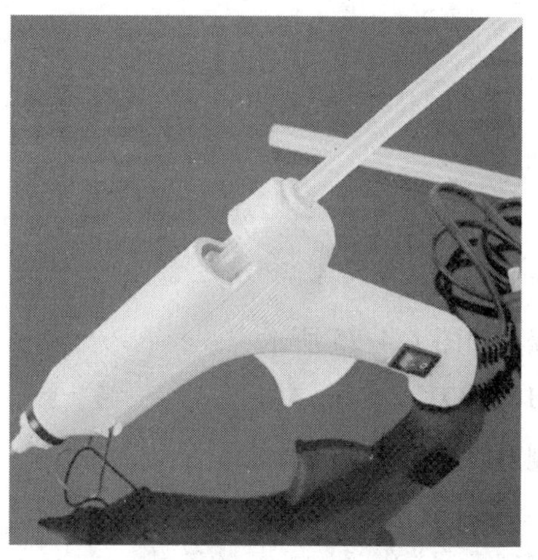

图1.4.22　热熔胶枪

(13)美工刀

美工刀也俗称刻刀或壁纸刀。美工刀正常使用时通常只使用刀尖部分,切割、雕饰、打点是其比较主要的功能。但是这种刀刀身很脆,使用时不能伸出过长的刀身,另外刀身的硬度和耐久(美工刀里这是两个概念)也因为刀身质地不同而有差别。

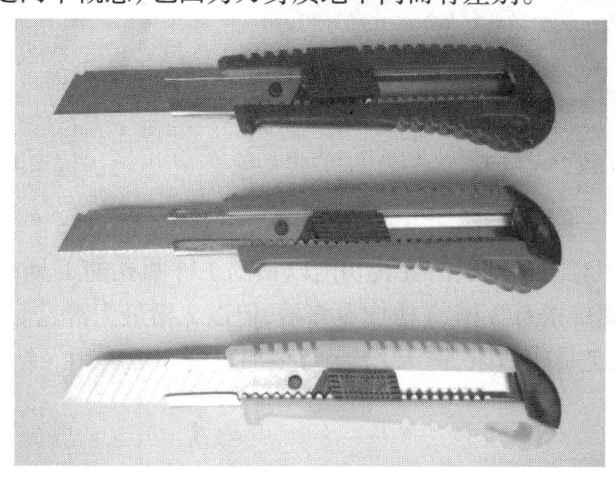

图1.4.23　美工刀

(14)手术刀

手术刀由刀片与刀柄组成,手术刀的特点是刀片非常薄,刀刃很锋利。

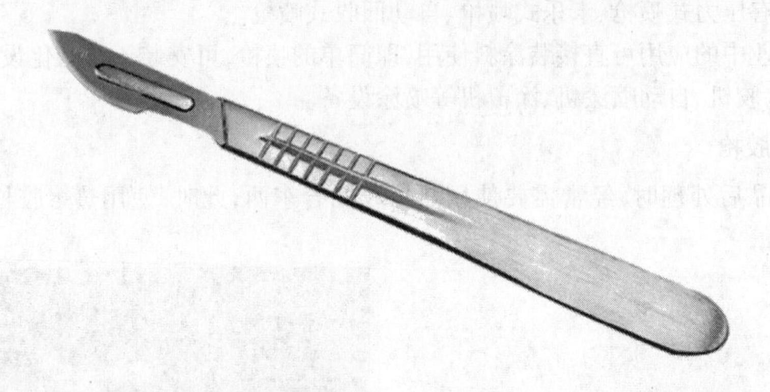

图1.4.24　手术刀

(15)锉刀

锉刀如图1.4.25所示。

(16)刻刀

刻刀如图1.4.26所示。

图1.4.25　锉刀

图1.4.26　刻刀

(17)麻花钻

麻花钻是通过其相对固定轴线的旋转切削以钻削工件圆孔的工具,因其容屑槽成螺旋状而形似麻花而得名。螺旋槽有2槽、3槽或更多槽,但以2槽最为常见。麻花钻可被夹持在手动、电动的手持式钻孔工具或钻床、铣床、车床乃至加工中心上使用。钻头材料一般为高速工具钢或硬质合金。

1.4.3　耗材

(1)砂纸

根据不同的研磨物质,砂纸可分为金刚砂纸、人造金刚砂纸、玻璃砂纸等多种。干磨砂纸

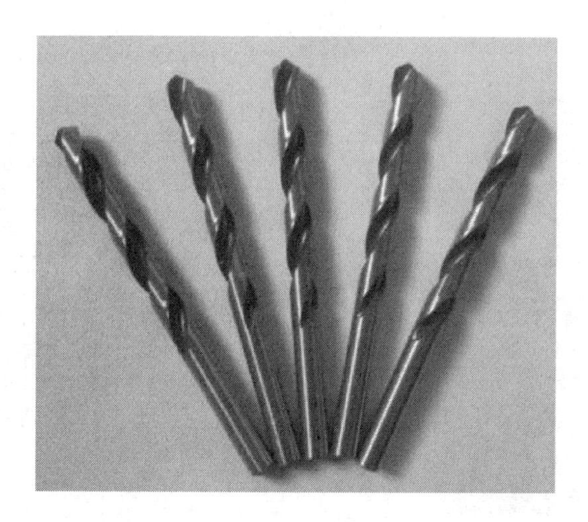

图1.4.27　麻花钻

(木砂纸)用于磨光木、竹器表面。耐水砂纸(水砂纸)用于在水中或油中磨光金属或非金属工件表面。后处理常用的砂纸型号有120目、160目、320目、400目、600目、800目、1 200目、1 500目。

图1.4.28　砂纸

(2)抛光剂

抛光剂是一种含有多种成分的磨料,使用于抛光物体过程中。磨料一般为氧化铝、石英、刚玉、金刚石等。

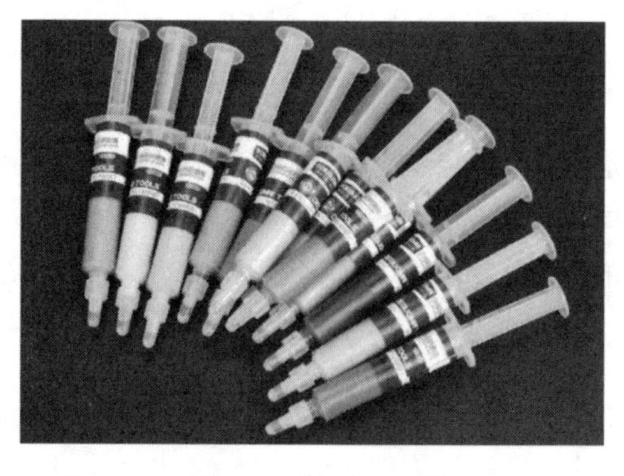

图1.4.29　抛光剂

(3)油漆

图1.4.30　自喷漆

图1.4.31　油漆

(4)酒精

酒精,又名乙醇,是一种很常见的有机溶剂,医学上常用于消毒,工业中常用乙醇清洁物体表面的油脂等有机物。在快速制造领域中,无水酒精用于清洁激光器的透镜,普通酒精常用于溶解 SLA 工艺制造的工件表面残余树脂,具有特殊的芳香气味,易燃,储存时需注意防火,防止高温。

图1.4.32　酒精

任务1.5　后处理的准备工作

(1)工作场合的准备

①良好的自然光照,便于观察色度。

②良好的通风、换气保障,除尘设备正常。

③干净的工作台。

④正常的工作灯源。

⑤工作准备齐全。

⑥个人保护设施得当。

(2)手板零件准备

手板零件准备工作就是根据实际要求指定手板后处理工艺,要针对手板的缺陷进行前期处理,比如补点状洼陷、面局部丢失等。

1)手板零件缺陷常见的问题

①针孔、气孔;

②毛刺、飞边;

③磕碰、划伤;

④崩角、塌角;

⑤砂眼、裂纹;

⑥磨损、内陷、鼓包；

⑦制造错误、制造缺陷、连接缺陷。

2）手板零件易产生缺陷的部位：

①尖角、锐边；

②沟槽、侧壁；

③底部、深腔；

④平面、分型。

（3）操作者准备

操作者在经常实际操作培训后，应熟悉手板后处理中主要工艺的工艺原理及所用工具的使用方法，掌握一般的后处理工艺。

①工作前认真检查来件外观表面是否有磕碰、麻点、凹坑，其缺陷深度是否通过打磨方法可以去除，发现问题及时记录，以便在编制打磨工艺时加强点的处理力度。

②正确选择砂纸或砂条，正确选用机用百叶片的种类和抛光轮的目数。

③按零件处理量准备好足够砂纸和其他后处理所需的工具、耗材。

④工作前应保证打磨设备处于良好状态，周围无障碍物，周围无易燃烧物，检查后再开机。

⑤检查电源线有无破损，试运行。

⑥在打磨过程中要轻拿、轻放，避免零件表面的划伤、磕碰、滑落。

⑦相关的检验、检查工具一一对应。

（4）后处理操作规范

1）后处理前

①在进行后处理前，根据FDM安全穿戴规范，戴好护目镜、手套等。

②在进行后处理前，根据需要进行的后处理工序，准备好相应的工具、材料并根据个人习惯在后处理工作台上摆放好，备用。

③在进行后处理前，核对需进行后处理的工件数量、状态。

④在进行后处理前，确认需进行后处理的产品的相关工艺文件及上面的工艺要求，做到心中有数，避免出现疏忽，造成返工等浪费。

2）后处理时

①在进行后处理时，随时保持后处理工作台、所用到的各种设备及其周围的清洁卫生，干净整洁、工具随时归位。

②在进行后处理时，注意使用设备的安全警示，做到按章操作，不要违章操作，避免出现工伤事故，保证自身人身安全。

③在进行后处理时，严格遵循工艺文件的技术要求，每完成一道工序，及时进行检验，出现不合格的情况时，及时进行补救，避免浪费。

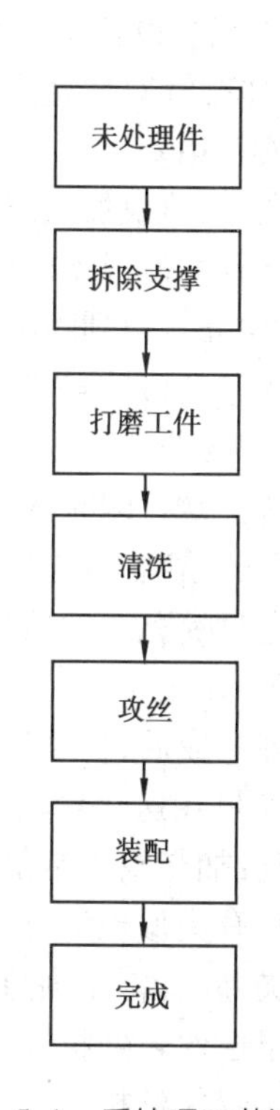

图1.5.1　后处理工艺流程图

3)后处理后

①在完成后处理后,交付产品前需要进行检验,保证产品符合工艺文件要求。

②在完成后处理后,整理工作台、所用设备、所用工具、剩余材料,处理垃圾。

(5)后处理流程

后处理工艺流程如图1.5.1所示。

任务1.6 机器维护与保养

熔融沉积成型(FDM)工艺设备,目前使用非常广泛,从普通DIY级别(如Prusa i3)到工业级FDM工艺设备REPLICATOR Z18等。全世界有非常多的厂家生产这种工艺的设备,产品线非常丰富。但是这些设备的基本原理都是一样的,都是通过融化丝材,从喷嘴挤出成型。因此,这些设备的常见故障及解决故障的基本方法也是相同的。FDM工艺设备常见故障有:

①喷头挤不出材料。

②喷头挤出材料的流量与设定的挤出流量相差太大。

③打印件边缘有严重的翘曲情况。

④打印机的X轴或Y轴(Z轴)不运动。

⑤打印机打印出来的工件与3D模型文件的尺寸相差太大。

(1)喷头挤不出材料

FDM工艺设备的喷头挤不出材料,有非常多的可能,这里依照发生的概率大小列举出各种可能,并有针对性地提出解决方法。

1)喷嘴堵塞

表现:加热块加热温度正确,挤出电机工作正常,但是送丝的时候丝轮不停打滑,发出咔咔声。具有类似现象时说明喷嘴堵塞了。

解决办法:遇到喷嘴堵塞时,首先将喷头整个拆卸下来,但是连接主板的各种线缆仍要保持连接状态,这是因为喷头内腔的塑料在冷却凝固状态下会黏附在其内壁上,如果此时要拆卸喷嘴,需要非常大的力量,甚至可能因此损坏喷头结构。拆卸下来后,启动机器,将喷头加热至材料正常打印时的温度。然后使用对应型号的扳手,拧下喷嘴。

拧下的喷嘴,首先使用酒精灯灼烧至喷嘴内塑料燃烧殆尽,然后使用与喷嘴孔径匹配的钢针捅通喷嘴孔。然后再次放在酒精灯上灼烧,灼烧一小会后再次使用钢针通喷嘴孔。重复此操作2~3次。

清理完成后,将喷嘴装回,喷头装回机器。再次尝试手动挤出,机器恢复正常。

2)丝材在送丝轮处被送丝轮刨出了一个小坑导致送丝轮打滑

表现:加热块正常加热,温度足够,挤出电机正常工作,没有咔咔声,但是喷嘴没有材料被挤出。具有类似现象,说明丝材在送丝轮处被丝轮刨出坑,导致打滑。

解决办法:首先预热机器至材料打印时温度,然后点击控制面板的材料撤回按钮,撤回材料。由于送丝轮处材料有凹坑,送丝轮无法使丝材运动,这时需要人工向材料撤出方向拉动,直到丝轮咬住丝材。

丝材完全撤出后,剪除有缺陷部分的丝材,然后丝材口剪出斜口,方便重新插入喷头。

3）加热块温度没有达到足够让丝材熔融挤出的温度

表现：挤出电机打滑，挤出机部分发出咔咔声，喷嘴通畅，送丝轮处丝材正常，无凹坑，但是使用电子温度计检测加热块发现温度不足。

解决办法：首先检查线路是否有断路的情况，其次检查参数设定是否正确，尤其是材料加热温度。再次，使用万用表检查加热棒两端电压，如电压正常，说明加热棒损坏，需更换。如加热棒没损坏，线路正常，参数无误，说明可能是温度传感器有问题，应更换温度传感器。最后，如果前面检查都没问题，则可能需要提高材料加热温度、为加热块包裹保温材料。

4）挤出电机转矩不够（即挤出电机堵转）

表现：电机发热，有嗡嗡声，喷嘴未堵，丝轮正常，材料无凹坑，加热温度足够，说明挤出电机扭矩不足。

解决办法：一是调节步进驱动器，使步进电机扭矩增加；二是直接更换扭矩更大的步进电机。

5）喷头喉管处的丝材软化，强度不足，无法被送入加热块

表现：挤出电机正常运转，送丝轮处正常，加热块温度达到要求，喷嘴也没堵。但是拆开挤出头发现，喉管处丝材挤成一团。这说明喉管处丝材软化，强度不足，无法被送进加热模块。

解决办法：问题根源在于喉管处冷却不足，故需要加强冷却，如果喉管处无风扇散热，则增加散热风扇，如果有风扇则调整固定角度，或是更换风力更大的风扇。

（2）喷头挤出材料的流量误差大

表现：打印件每层材料不足，或是打印件层间结合不良。在手动挤出时，挤出的材料直径过细。这可能是由喷嘴使用时间过长，喷嘴变形，或是喷嘴孔侧壁有污物附着导致。

解决办法：更换全新喷嘴。

（3）打印件边缘有严重的翘曲情况

表现：打印稍大的产品时，打印件边缘有非常大角度的翘曲，已经影响产品成型或产品正常使用。

解决办法：造成该种情况有几个可能，首先成型基板位调平，归零位置不正确。这种情况，对成型基板重新调平即可。其次，导向的光轴弯曲，导致成型基板外围挤出头位置不对，此时需要校直光轴或是直接更换。最后，如果是 Prusa I3 或是其变种机器，可能是 Z 轴电机运动不同步导致，解决该情况需要调整两丝杆螺母为止，让 X 轴两侧位置平衡，或是适当增加驱动电流，使力矩增加，避免丢步的出现。

（4）打印机的某一运动轴不运动

表现：启动打印或是手动控制某个轴运动时，有个轴不动。

解决办法：首先检查线路是否存在断路，如果有则重新接线。其次，检查步进驱动器是否烧毁或是接触不良，如果有则排除故障或更换组件。最后检测是否是电机问题，如果是电机损坏，则进行更换。

（5）工件与 3D 模型文件的尺寸相差过大

表现：打印出的工件某一方向如 X 轴方向尺寸不正确。

解决办法：检查固件的 mm/steps 设置是否正确。并打印测试件，对比模型数据依照其比例进行修改固件的参数。

任务1.7 熔融沉积成型工艺补灰处理

1.7.1 补灰所用的材料

1)原子灰

原子灰俗称腻子,又称不饱和聚酯树脂腻子,是发展较快的一种新型嵌填材料,能很好地附着在物体表面,并在干燥过程中不产生裂纹。

原子灰是一种高分子材料,由主体灰(基灰)和固化剂两部分组成。主体灰的成分多是不饱和聚酯树脂和填料,固化剂的成分一般是引发剂和增塑剂,起到引发聚合、增强性能的作用。

不饱和聚酯树脂是主体,在引发以后发生聚合,快速成型固化并黏附在物体表面,填料里往往还加入苯乙烯等稀释剂和其他改性材料,提高整体的性能。这种能够在物质表面黏附并快速成型的性质,特别适合表面涂料类的应用,比方汽车、轮船、家具等行业。

2)填眼灰

涂抹填眼灰。

3)水补土

水补土就是底漆,类似于涂料,通常是液状,在一般情况下需要稀释,但不能用水或者酒精稀释(否则结成絮状,无法使用),需要专门的稀释剂。水补土一般都使用喷涂的方法来附着到模型表面上,用法和其他油性涂料一样。水补土分500号、1000号、1200号等几种,作用是增强其他涂料的附着力防止掉漆和遮盖模型零件的原有颜色防止出现色彩偏差,并检查模型表面的瑕疵。

4)爽身粉

使用爽身粉作为补灰材料,主要是爽身粉中的滑石粉与502胶水混合后,滑石粉作为填充材料,502胶水作为粘合剂填补缺陷处。

1.7.2 填眼灰补件

1)涂抹

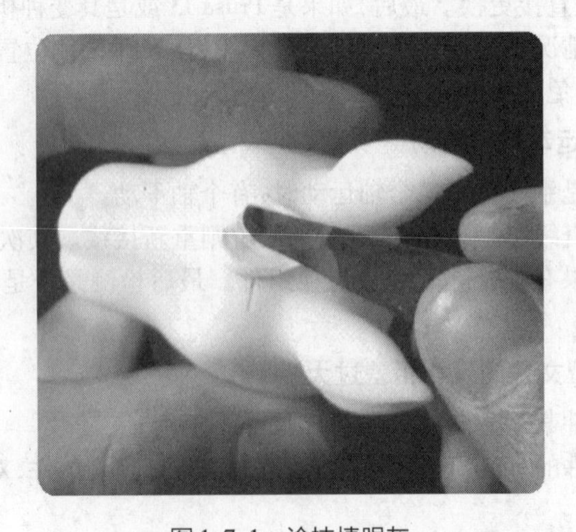

图1.7.1 涂抹填眼灰

将填眼灰涂抹于缝隙处，涂抹时要注意，用非刀将填眼灰尽可能塞进缝隙内，如图1.7.1所示，模型缝隙都涂抹好后，静置30分钟。

2）打磨

用砂纸对缝隙进行打磨，打印时要边蘸水边打磨，如图1.7.2所示，直到多余的填眼灰都打磨掉，使工件表面光顺，如图1.7.3所示。

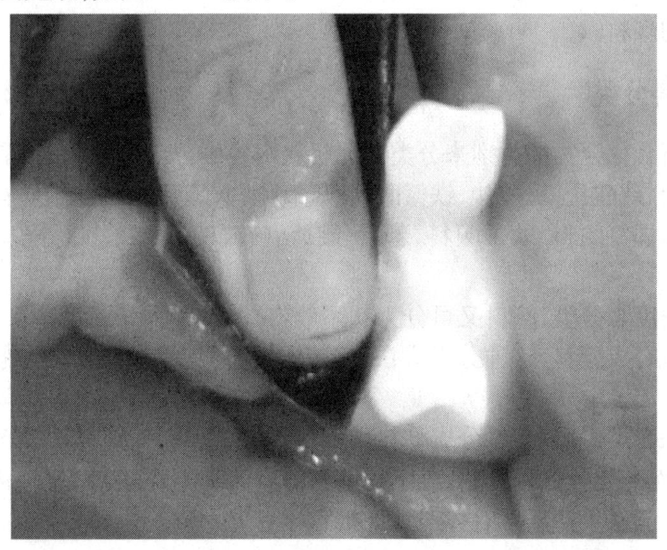

图1.7.2　工件打磨

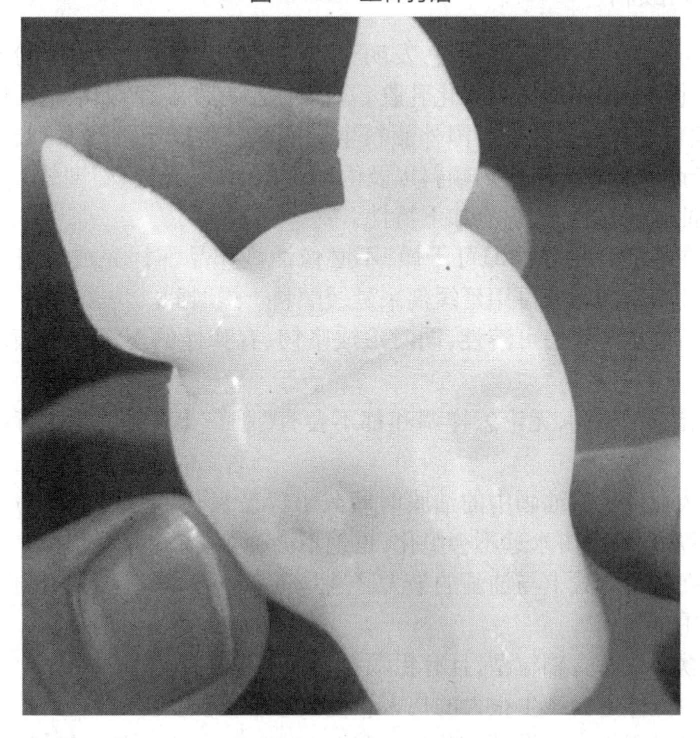

图1.7.3　工件展示

任务1.8 上色

除了全彩3D打印设备打印的产品之外,其他的3D打印设备一般只可以打印单种颜色。有的时候需要对打印出来的物件进行上色,例如ABS塑料、光敏树脂、尼龙、金属等,不同材料需要使用不一样的颜料。

1.8.1 颜料分类

颜料可根据所含化合物的类别来分类。无机颜料可细分为氧化物、铬酸盐、硫酸盐、硅酸盐、硼酸盐、钼酸盐、磷酸盐、钒酸盐、铁氰酸盐、氢氧化物、硫化物、金属等;有机颜料可按化合物的化学结构分为偶氮颜料、酞菁颜料、蒽醌、靛族、喹吖啶酮、二恶嗪等多环颜料、芳甲烷系颜料等。

从生产制造角度来分类,颜料又可分为钛系颜料、铁系颜料、铬系颜料、铅系颜料、锌系颜料、金属颜料、有机合成颜料,这种分类方法有实用意义,往往一个系统就能代表一个颜料专业生产行业。

从应用角度来分类,颜料又可分成涂料用颜料、油墨用颜料、塑料用颜料、橡胶用颜料、陶瓷及搪瓷用颜料、医药化妆品用颜料、美术用颜料等。各种专用颜料均有一些独特的性能,以符合应用的要求。颜料生产厂可有针对性地推荐给专业用户一系列的颜料产品。

1.8.2 丙烯颜料

丙烯颜料属于人工合成的聚合颜料,发明于20世纪50年代,是颜料粉调和丙烯酸乳胶制成的。丙烯酸乳胶亦称丙烯树脂聚化乳胶。丙烯树脂有许多种,如甲基丙烯酸树脂等。

因此,丙烯颜料也有很多种类。国外颜料生产厂家已生产出丙烯系列产品,如亚光丙烯颜料、半亚光丙烯颜料和有光泽丙烯颜料以及丙烯亚光油、上光油、塑型软膏等。丙烯颜料深受画家欢迎。与油画颜料相比,它有如下特性:

①速干颜料在落笔后几分钟即可干燥,不必像油画作品那样完成后需等几个月才能上光。喜欢慢干特性颜料的画家可用延缓剂来延缓颜料干燥时间。

②着色层干后会迅速失去可溶性,同时形成坚韧、有弹性的不渗水的膜。这种膜类似于橡胶。

③颜色饱满、浓重、鲜润,无论怎样调和都不会有“脏”“灰”的感觉。着色层永远不会有吸油发污的现象。

④作品的持久性较长。油画中的油膜时间久了容易氧化,变黄、变硬易使画面产生龟裂现象,而丙烯胶膜从理论上讲永远不会脆化,也绝不会变黄。

⑤丙烯颜料在使用方式上与油画的最大区别是带有一般水性颜料的操作特性,既能作水彩用又能作水粉用。

⑥丙烯塑型软膏中有含颗粒型,且有粗颗粒与细颗粒之分。

⑦丙烯颜料对人体不会产生很大的伤害。但注意不要误食。

⑧丙烯颜料可以用作自己设计文化衫,可以突出个人个性。但是最好要用全棉的衣服,而且是白色的。

1.8.3 上色的一般流程

1)上底色

整体进行,用喷枪选取贴近成品颜色的底漆,一般采取薄涂,层层叠加。细节部分、和整体颜色反差较大的部分可以先预留不用喷。

2)色块上色

一般来说,上色要遵循从大面积到小面积,从喷涂到手涂的流程。这样有利于提高效率。首先进行大面积色块的喷涂,再到小面积色块手涂,喷涂加手涂,完成整体色彩的绘制。

3)色彩调整

喷涂润色阶段,这一步主要是通过一层层叠加,叠色、罩染、渐变、过渡等色彩调整,强调颜色结构和细节。

4)局部细节上色

这一步主要针对细节部分进行描绘,例如人物五官、服装细节、做旧、仿铜等斑驳痕迹、纹路等。高度还原模型原始形象,突出造型特征,塑造最真实的模型。

5)光感调整

精细上色进行光感调整主要分为两大类:哑光处理和亮光处理。根据客户需求,使用哑光油或亮光油进行质感调整,打造整体或部分的哑光或亮光效果来实现高度仿真的模型质感。

任务1.9 任务实施——多孔位排插产品拆除支撑

步骤一:用手掰开支撑结构。

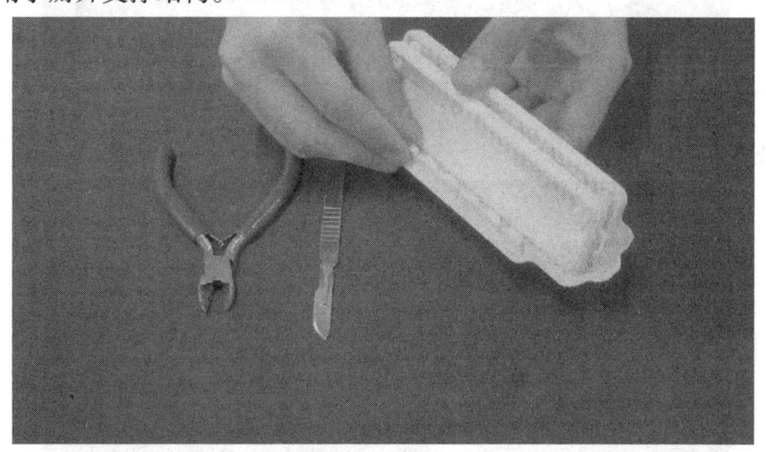

图1.9.1 手动拆支撑

步骤二:用斜口钳将主要的支撑结构去除。

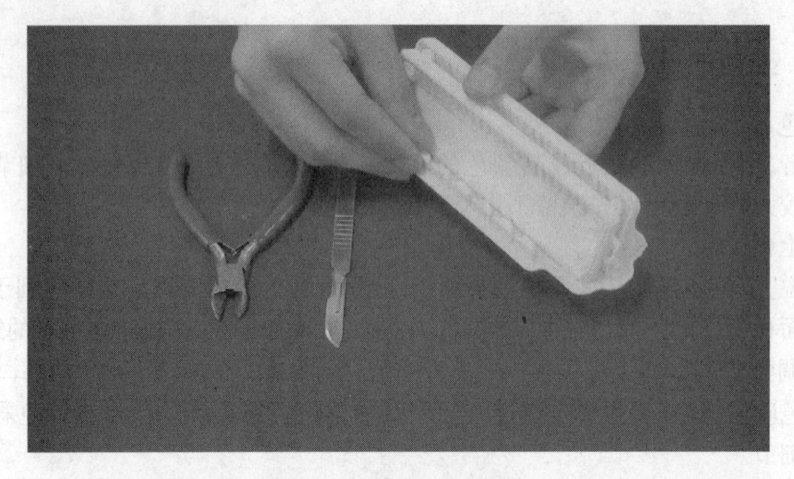

图 1.9.2　斜口钳拆支撑

步骤三:用手术刀将材料的支撑结构清理干净。

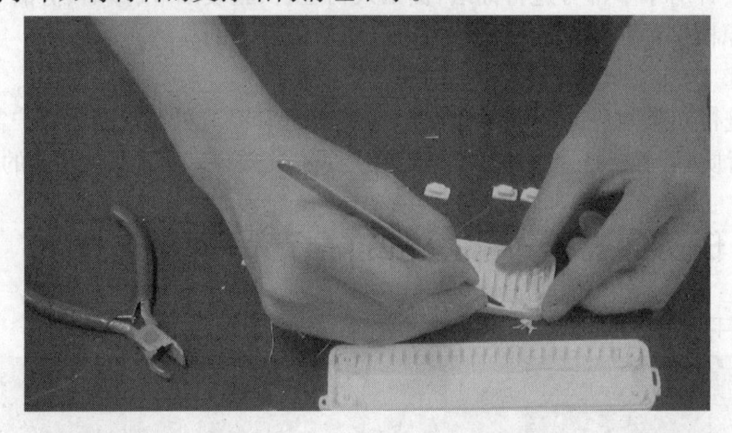

图 1.9.3　手术刀拆支撑

步骤四:支撑拆卸完成。

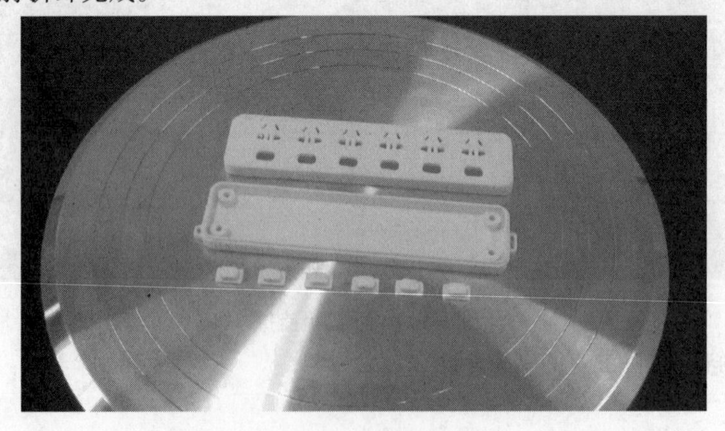

图 1.9.4　支撑拆除完毕

任务1.10　任务实施——多孔位排插产品打磨处理

步骤一:手拿砂纸打磨工件小特征。

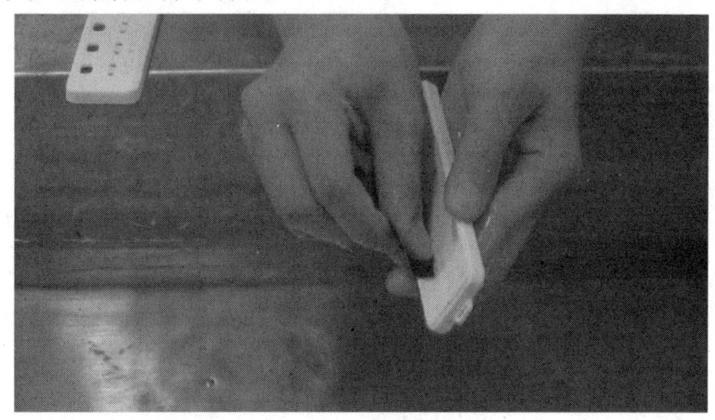

图1.10.1　打磨细小特征

步骤二:使用打磨块打磨工件大平面。

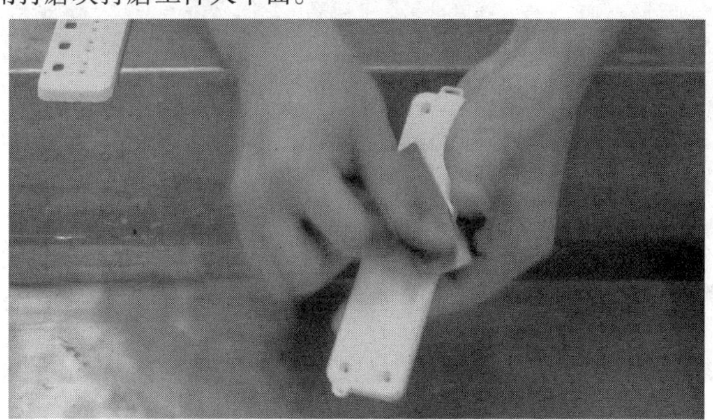

图1.10.2　打磨大平面

步骤三:用水冲洗掉工件表面的粉末,打磨完成。

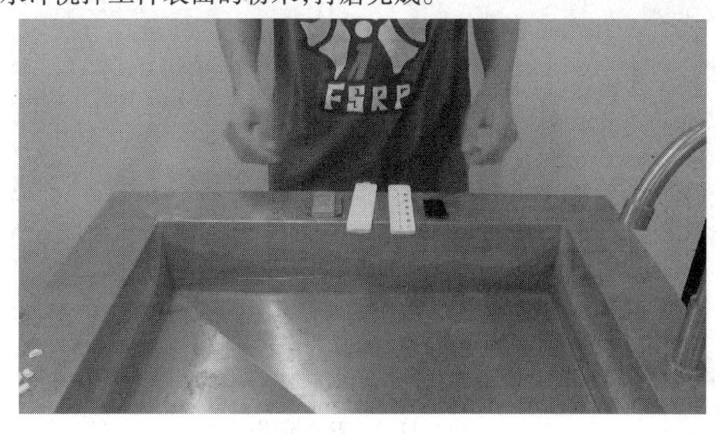

图1.10.3　打磨完成

任务 1.11　任务实施——多孔位排插产品装配处理

步骤一:用丝锥对圆孔进行攻牙处理。

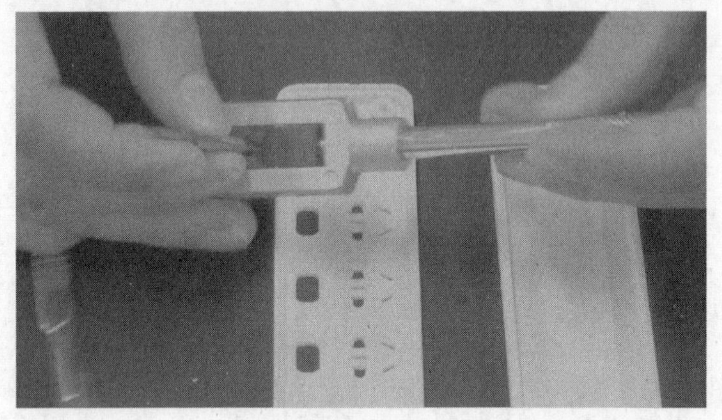

图 1.11.1　丝锥和丝锥扳手

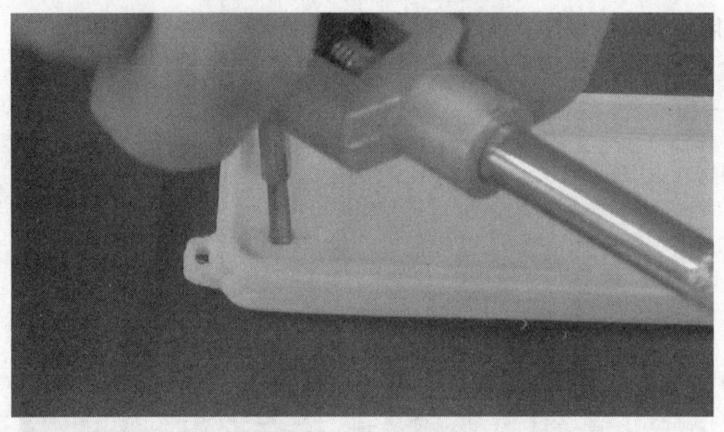

图 1.11.2　攻牙

步骤二:用胶带固定按钮。

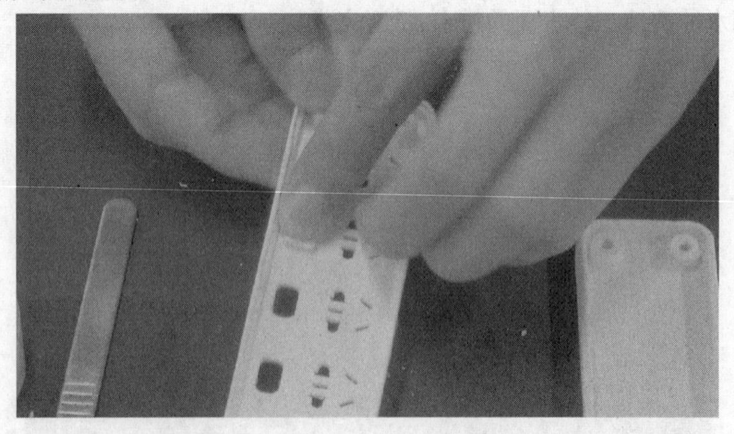

图 1.11.3　安装按钮

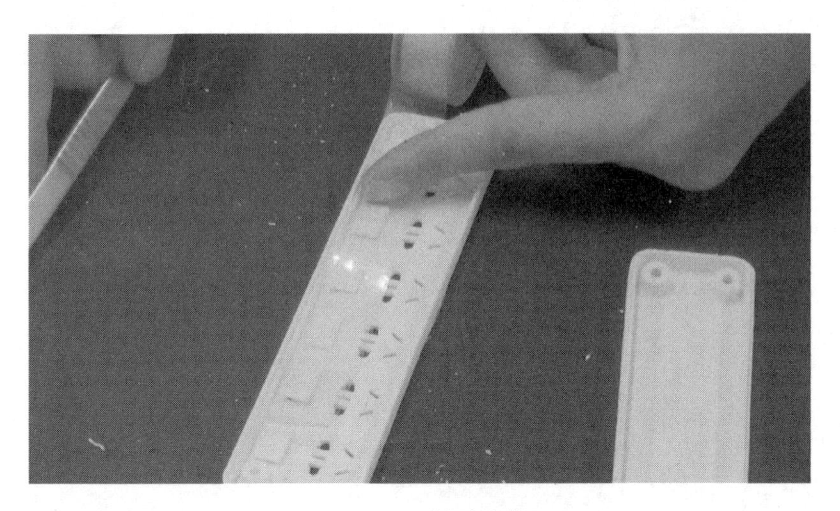

图1.11.4　粘贴胶带

步骤三:将两个工件合起来,用螺丝固定。

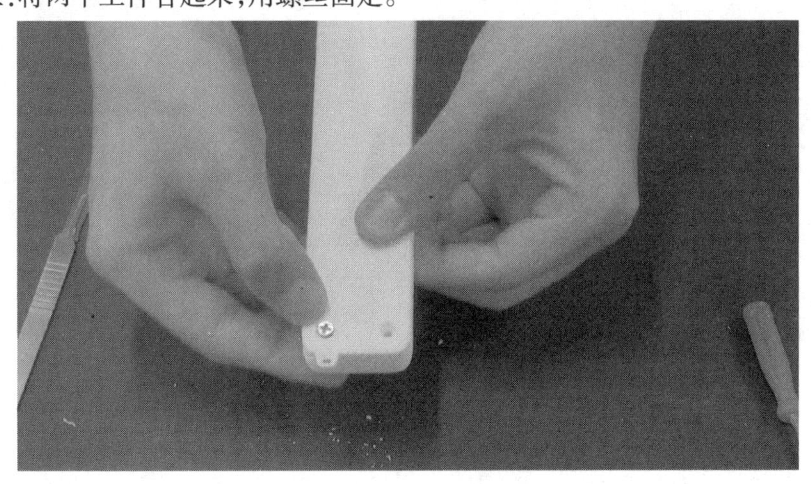

图1.11.5　使用螺丝锁紧前后盖

扫描项目单卡

训练一项目计划表

工序	工序内容
1	使用__________、__________拆除工件支撑。
2	检查工件__________是否完好。
3	

训练一自评表

评价项目	评价要点	符合程度	备注
处理操作	支撑全部拆除	□基本符合　□基本不符合	
	实体特征没有破损	□基本符合　□基本不符合	
学习目标	工具的选择与使用	□基本符合　□基本不符合	
	支撑拆除步骤	□基本符合　□基本不符合	
课堂6S	整理(Seire)	□基本符合　□基本不符合	
	整顿(Seition)	□基本符合　□基本不符合	
	清扫(Seiso)	□基本符合　□基本不符合	
	清洁(Seiketsu)	□基本符合　□基本不符合	
	素养(Shitsuke)	□基本符合　□基本不符合	
	安全(Safety)	□基本符合　□基本不符合	
评价等级	A	B	C	D

训练一小组互评表

序号	小组名称	计划制订（展示效果）			任务实施（作品分享）		评价等级			
		可行	基本可行	不可行	完成	没完成	A	B	C	D
1										
2										
3										
4										

训练一教学老师评价表

小组名称	计划制订（展示效果）			任务实施（作品分享）	
	可行	基本可行	不可行	完成	没完成
评价等级:A□ B□ C□ D□			教学老师签名:________________		

训练二项目计划表

工序	工序内容
1	使用________、________对工件进行粗磨。
2	使用________、________对工件进行细磨。
3	

训练二自评表

评价项目	评价要点	符合程度	备注
处理操作	安全穿戴	□基本符合 □基本不符合	
	打磨工件的操作	□基本符合 □基本不符合	
	工件冲洗	□基本符合 □基本不符合	
学习目标	使用合适工具完成操作	□基本符合 □基本不符合	
	掌握打磨操作技巧	□基本符合 □基本不符合	
	掌握工件处理要点	□基本符合 □基本不符合	
课堂6S	整理(Seire)	□基本符合 □基本不符合	
	整顿(Seition)	□基本符合 □基本不符合	
	清扫(Seiso)	□基本符合 □基本不符合	
	清洁(Seiketsu)	□基本符合 □基本不符合	
	素养(Shitsuke)	□基本符合 □基本不符合	
评价等级	A	B	C	D

训练二小组互评表

序号	小组名称	计划制订（展示效果）			任务实施（作品分享）		评价等级			
		可行	基本可行	不可行	完成	没完成	A	B	C	D
1										
2										
3										
4										

训练二教学老师评价表

小组名称	计划制订（展示效果）			任务实施（作品分享）	
	可行	基本可行	不可行	完成	没完成
评价等级：A□ B□ C□ D□			教学老师签名：____		

训练三项目计划表

工序	工序内容
1	使用________、________对工件螺纹孔进行________处理。
2	使用________、________安装________。
3	________________组装排插。
4	

训练三自评表

评价项目	评价要点	符合程度	备注
处理操作	攻牙操作	□基本符合　□基本不符合	
	胶带固定按钮	□基本符合　□基本不符合	
	螺丝拧紧上下盖	□基本符合　□基本不符合	
学习目标	丝锥的操作	□基本符合　□基本不符合	
	装配步骤	□基本符合　□基本不符合	
课堂6S	整理(Seire)	□基本符合　□基本不符合	
	整顿(Seition)	□基本符合　□基本不符合	
	清扫(Seiso)	□基本符合　□基本不符合	
	清洁(Seiketsu)	□基本符合　□基本不符合	
	素养(Shitsuke)	□基本符合　□基本不符合	
	安全(Safety)	□基本符合　□基本不符合	
评价等级	A	B	C	D

训练三小组互评表

序号	小组名称	计划制订(展示效果)			任务实施(作品分享)		评价等级			
		可行	基本可行	不可行	完成	没完成	A	B	C	D
1										
2										
3										
4										

训练三教学老师评价表

小组名称	计划制订(展示效果)			任务实施(作品分享)	
	可行	基本可行	不可行	完成	没完成
评价等级:A□ B□ C□ D□			教学老师签名:________________		

1.12.2 小结

本项目的多孔位排插产品，采用熔融沉积成型工艺使用PLA材料进行制造，PLA材料具有良好的延展与抗拉强度。排插产品为多零件装配产品，所有零件一次成型，且该产品装配时需攻丝，为了获得较高的装配精度，需要在攻丝时注意丝锥与工件的垂直度。

1.12.3 拓展训练

(1)填空题

①清理支撑一般先________，再用________。

②上色的一般步骤包含________、________、________、________、________。

③常用颜料有________、________、________、________。

④ABS材料可以被________、________溶解或腐蚀。

⑤使用最广泛的FDM材料有________、________、________、________、________、________等。

(2)简答题

①FDM工艺产品后处理工艺的工艺流程是怎样的?

②简述FDM工艺的机器常见故障及处理。

③简述FDM工艺所用的ABS、PLA材料的后处理工艺。

④简述补灰所用材料的特点。

(3)实训

根据本项目内容，制定一个多孔位排插产品后处理工艺流程，并应用相关知识和技能进行后处理操作。

项目2

花洒产品后处理

任务2.1　项目内容

某家具公司推出了一款花洒头卫浴配件，由于还处在测试阶段，需要进行产品性能测试。原打算用传统加工工艺制造出一个产品测试件，但传统工艺做出来的测试件所需要花费的成本比较高且加工难度大。

经过讨论综合各方面的因素，该公司决定用3D打印技术制造出样品测试件。公司3D打印技术部门使用SLA工艺制造出来的花洒模型，使用白色光敏树脂材料制造。制造出来后还需进行后处理，只有经过后处理之后的产品，才可以达到工艺要求。

2.1.1　内容简介

根据工艺文件上的产品性能指标，对使用SLA工艺制造的花洒工件进行后处理。后处理主要工序为：清洗→去支撑→固化→打磨→喷砂→喷漆。在完成后处理各个工序后，还需要对产品进行合格性检验，保证花洒产品的各项指标达到要求。

2.1.2　要求简介

对花洒产品进行清洗、去支撑、固化、打磨、喷砂、喷漆处理。针对以上工序的具体要求如下：

①清洗：清洗完成后，产品表面没有残余树脂，不粘手。

②去支撑：工件各个表面支撑完全去除，无残留、表面平整、没有在拆支撑时因方法不当而出现表面崩碎的痕迹。

③固化：工件表面不泛黄，没有因过度固化出现工件变形。

④打磨：打磨光滑平整，无残留砂纸痕迹。

⑤喷砂：喷砂均匀，未出现因操作不当而喷出凹坑的情况。

⑥喷漆：喷涂均匀，无气泡、皱裂、针孔、流挂、橘皮、波浪纹、杂质、干喷、过喷、刮伤等质量

缺陷。

完成以上工序后进行检验,主要包含:

①尺寸:使用游标卡尺、千分尺等量具检验产品关键尺寸,尺寸必须在工艺文件规定范围内。

②外形:对比 3D 模型图档,不能有变形等缺陷。

③外表面:喷漆表面无喷漆缺陷,符合工艺文件要求;未喷漆表面需光滑,符合工艺文件相关要求。

2.1.3 需求分析

在本项目中,公司需要制造的产品为一个花洒头产品,生产批量为单件生产,生产出来的该花洒头产品主要用途是作为样品测试件,进行技术验证。在此条件下,无法使用传统的模具等工艺制造,而使用模具制造会使该测试、验证阶段的成本极高,故选用 SLA 工艺制造。

在快速制造技术中,直接使用相关工艺直接制造出来的产品往往是无法满足工艺文件要求的。为了达到工艺文件的要求,就需要进行产品的后处理。良好的后处理,在快速制造技术中非常重要,而该花洒产品,除了 SLA 工艺常规的清洗、拆支撑、打磨外,还需要进行喷漆处理,因此花洒产品后处理时,表面要求会比较高。

2.1.4 产品后处理前后对比

图 2.1.1 产品后处理前

图2.1.2　产品完成后处理

2.1.5　任务目标

1)能力目标

①能够完成前期处理操作;

②能够完成中期处理操作;

③能够完成后期处理操作。

2)知识目标

①了解 SLA 后处理操作要点;

②了解 SLA 后处理使用工具;

③了解 SLA 后处理操作流程。

3)素质目标

①具有严谨求实精神;

②具有团队协同合作能力;

③能大胆发言,表达想法,进行演说;

④能小组分工合作,配合完成任务;

⑤具备 6S 职业素养。

任务2.2　打磨与补件

在任何一种高速机制加工下诞生的零件,其本身或多或少带有加工产生的痕迹——毛刺、阶梯效应、波浪纹等。所以要对零件进行表面打磨整形,清洁零件表面上的成型加工痕迹、缺陷,从而提高零件表面平整度,降低粗糙度,使零件表面平滑、光洁、凸显细节,达到设计时的技术指标。本章主要介绍零件表面后处理中的手工后处理部分,即手工打磨。

手工打磨就是利用锐利、坚硬的材料,磨削较软的手板材料表面,使手板达到技术指标。

图 2.2.1 电脑

手工打磨是最原始、最有效的控制技术指标的工艺。其工艺编制简单运用灵活,行之有效,在出现问题或者预见问题时,可随时调整工艺,其性价比和效率极高,当然,这需要理论和实践经验丰富的结合才能达到。打磨在手板制作中是一项非常重要的工作,它起着承上启下的作用。

在快速制造行业里,制作手板的材料具备多样性,针对手板材料的打磨方法有干磨、水磨、油磨、蜡磨等。打磨根据精细程度又分粗磨、平磨、细磨、抛光。其中,粗磨一般是在前处理时用来去除手板支撑、毛边、伤痕、咬迹、层叠、脏污、浮泡;而平磨通常是用包裹了小木块或硬橡皮的砂纸对大平面进行打磨,这样找平效果较好;细磨则一般用于刮腻子、上封闭漆、拼色和补色之后的各道中层处理中,砂磨时要求仔细认真;抛光是用水砂纸蘸清水(或肥皂水)打磨。

2.2.1　手工打磨类型

(1)干打磨

干打磨是指在不利用各种磨削液下进行的一种打磨工艺。

1)打磨注意要点

①区分零件材料;

②确认零件材料硬度;

③确认零件生成法;

④确定打磨工艺;

⑤确定打磨用材。

2)检验工具

检验工具是为了在打磨期间有效地控制零件的质量,防止零件产生不可逆的缺陷。这需要操作者心细,读懂图纸和技术要求,特别要注意区分细节,比如支撑和零件的区分。

图 2.2.1　电脑

3）量具

常用量具有游标卡尺、深度尺、直尺、角尺、高度尺等。

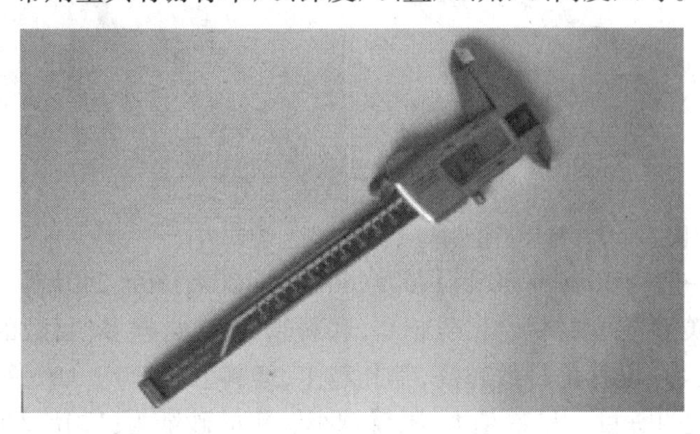
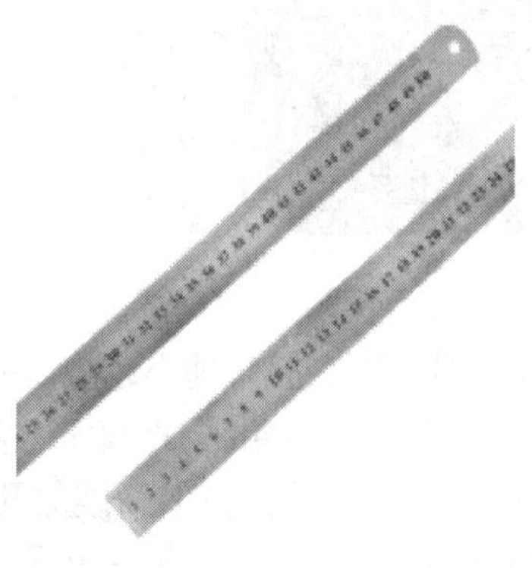

图2.2.2　量具

（2）湿打磨

湿打磨可以借助各种冷却液带走削磨残渣，以保证打磨效果及零件清洁。

湿打磨与干打磨主要区别如下：

①湿打磨在工艺程序上与干打磨工艺基本一致；

②湿打磨在磨削材料上使用耐水性材料，比如水砂纸等；

③湿打磨有效地控制了粉尘，保持了零件的清洁；

④湿打磨提高了磨削效率，由于磨削液带走了物屑，使得磨削更加顺利；

⑤湿打磨节约打磨耗材；

⑥湿打磨时，由于零件表面被水包裹，水同时遮盖了零件表面粗糙度场的分布，所以在打磨到一定量的时候，需要吹干零件，审视工件的细节，加大了功耗；

⑦湿打磨过程中，应该拒绝电器助力部分参与，以防漏电危害人身；

⑧在执行湿打磨工艺时，一定要戴好胶手套，戴好防尘镜，尽量减少裸露皮肤；

⑨适当准备一些紧急处理药品，如碘伏、药棉、纱布、眼药水，清洗眼睛用的盐水和水枪，并根据实际需求配备和更新。

（3）常用打磨材料

常用的打磨材料如下：

①砂纸；

②砂条；

③砂轮；

④研磨膏；

⑤研磨沙；

⑥抛光百叶轮；

⑦粗、细什锦锉；

⑧型刀；

⑨研磨平台。

打磨用砂纸分为水砂纸、木砂纸、砂布、金相砂纸、专业砂纸等。这里主要介绍水砂纸。

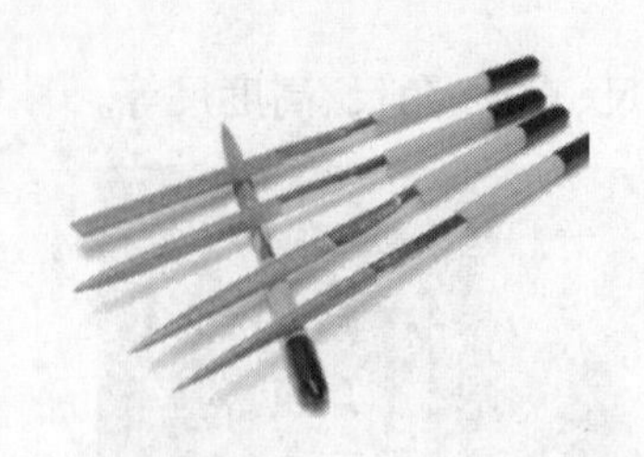

图 2.2.3　常用打磨材料

砂纸的型号越大越细,越小越粗。一般为 30#(或 30 目),60#(60 目),120#,180#,240#等。号(或目)是指磨料的粗细,即每平方英寸*的磨料数量,号越高,磨料越细,数量越多(目数的含义是在 1 平方英寸面积上筛网的孔数,也就是目数越高,筛孔越多,磨料就越细)。如每平方英寸面积上有 256 个眼,每一个眼就叫一目。目数越大,眼就越小。粗的砂纸为:120#;240#;360#;常用的砂纸为:360# ~ 2 000#;精细打磨的砂纸为:800# ~ 3 000#。

砂纸表面所覆砂型材料,一般有天然磨料和人造磨料两大类。磨料的范围很广,从较软的民用去垢剂、宝石磨料到最硬的材料金刚石都有。

①天然磨料有天然刚玉、石英砂、滑石、矽石、长石、金刚石、黑矽石和白垩等;

②人造磨料有碳化矽、氧化铝、立方碳化硼、玻璃砂、硅酸盐等,硬度为莫氏 5 ~ 10;

③砂条、砂轮都是成型工具,粒度和外形大小比较俱全,可供挑选使用的范围比较大。

研磨平台用于对平面的检验和研磨。一般可购买浮法玻璃,厚度为 12 mm。用浮法玻璃替代传统的检验平台,管理简单,费用低,其平面度足够满足手板行业的检测标准,并且可随时更新,以满足技术要求。

2.2.2　打磨工艺

打磨工艺,一般是由粗打磨、中打磨、精细打磨、抛光四大部分组成。每一个部分都有不同的工艺要求和目的。

(1)粗打磨

①打磨工艺一般遵循由粗到细的过程。

②根据打磨的技术要求选择不同粒度的砂纸、磨料,应先大后小、先粗后细。

③初始工作时,可以使用锉刀、电动工具作大型局部修整。

④在确定了零件硬度以后,选用首次砂纸型号进行试打磨,如果初次试打痕迹深度超过 0.02 mm,换用更高标号砂纸(如:第一次用 200#砂纸,不合适后应选用 360#砂纸)。

⑤零件材料软,砂纸型号大。

⑥零件表面粗糙度大,选用牌号小的砂纸。

⑦零件表面黏度大的,选用牌号小的大粒砂纸,以便排削。

⑧零件硬度高,选用硬度高、颗粒大的砂纸。

⑨当遇见被磨物体的形状复杂多变时,应该灵活选用不同形状的靠板或磨具。不管是手持还是工具夹持,都要特别注意零件的变形量。

---

* 1 平方英寸≈6.45 平方厘米(cm^2)

(2)中间打磨

中间打磨主要是对零件整体粗糙度的调整。

(3)精细打磨

在此工艺环节中要注意:

①控制零件整体的几何尺寸、平面、直角;

②统一表面光洁度;

③对特征、细节做到精准、精确;

④注意配合面的调节;

⑤注意零件变形;

⑥各种量具的熟练使用。

在最后的精细打磨阶段,要做到:

①勤量尺寸;

②勤配合零件;

③勤查粗糙度、漏点、面;

④勤看总体效果;

⑤勤清洗零件,保持零件的洁净度;

⑥保持双手干净;

⑦保持工作台面干净;

⑧保持打磨液和容器干净;

⑨保持工作服干净。

干式打磨特别要注意控制粉尘,手板行业所使用的材料几乎涵盖现在所有的材料,请在安全保护好自己的同时保护好环境。

(4)抛光

抛光指利用柔性抛光工具和磨料颗粒或其他抛光介质对工件表面进行的修饰加工。一般对表面光洁程度要求较高时进行。

抛光不能提高工件的尺寸精度或几何形状精度,而是以得到光滑表面或镜面光泽为目的,有时也用以消除光泽(消光)。抛光通常以抛光轮作为抛光工具。抛光轮一般用多层帆布、毛毡或皮革叠制而成,两侧用金属圆板夹紧,其轮缘涂敷由微粉磨料和油脂等均匀混合而成的抛光剂。在使用砂纸时,应先用略粗的砂纸,而后循序渐进,逐渐用更细的砂纸。应用平整的油石或其他材质压着砂纸放平使用,保证被抛光表面平整。抛光时,不能只按一个方向直线抛下去,一般应以画圆的方式,从边上一点开始,慢慢地向里抛,速度一定要慢,画圆的直径越小越好,排列要紧密均匀。要勤换砂纸,防止砂纸透后,油石划伤表面,要有耐心。必要时,砂纸用到2 000目,用毡片加抛光膏可以成镜面。

抛光使用的耗材有抛光粉、抛光砂、抛光轮等,抛光使用的材料硬度不宜过高,以免成本过高造成浪费。抛光使用的压力小于精细打磨,精细打磨压力要小于中间打磨,中间打磨压力要小于粗打。采用机被抛光时,应选用1 500目左右的氧化铝抛光布轮。在抛光前,用细粒度(1 000目左右)的氧化铝头或碳化硅橡皮轮对零件进行抛光前精磨。在抛光时,注意对温度的把控,温度过热会造成树脂零件局部焦灼、变色、咬口起层等表面损伤,造成零件报废,所以要控制好压力和摩擦产生的热量。通过以上工艺后，由执行者自检，再由打磨部负责人检查，检验合格后，根据零件材料要求不同，选取不同的保护性包装入库。

2.2.3 机械、刀具辅助打磨

在处理尺寸边长 200 mm 以上的零件时，由纯手工进行打磨就显得有点效率降低。用打磨机（图 2.2.4）可以帮助提高效率，实践证明，机械打磨的工效是手工的 2～3 倍。

图 2.2.4　打磨机

在零件的粗、中打磨阶段，可利用机械设备来提高功效，但要控制磨削压力及磨削深度，有效地控制整体粗糙度分布场，选用合适的磨料粒度，采用机械加手工的结合，在零件抛光终了时，交出最佳合格产品。合理地使用刀具（图 2.2.5）可以在细节上表现零件的精巧之处。

图 2.2.5　雕刻刀

2.2.4　SLA 打磨

针对模型,有平面特征和曲面特征的打磨工艺处理技巧。

(1)曲面打磨

对于曲面的打磨,不能用力过猛,需均匀打磨,如图 2.2.6 所示。

图 2.2.6　曲面打磨

(2)平面打磨

平面打磨需要保证平整度,使用打磨块进行打磨,如图 2.2.7 所示。

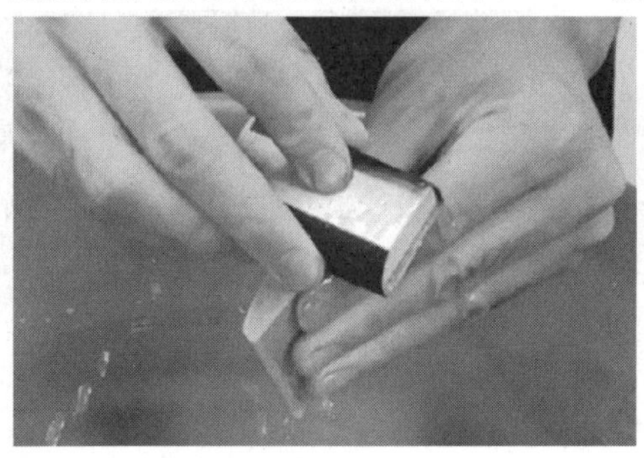

图 2.2.7　平面打磨

2.2.5　SLA 补件

(1)补件原理

爽身粉的主要成分是滑石粉、硼酸、碳酸镁及香料等。当爽身粉与 502 胶水混合后,将变成黏稠状的物体,5 分钟后表面将变得坚硬。我们可以在爽身粉还未凝固前,将爽身粉涂抹于工件破损处,待爽身粉凝固后,打磨掉多余的爽身粉,从而实现工件的修补。

(2)补件流程

①准备工具:爽身粉,502 胶水,盘子,竹签,砂纸,水,凡士林,胶带。

②工件准备:将辅助块固定在工件上,用胶带把工件破损处的一个面封上,然后把不需要粘合的面涂上凡士林,方便后续将辅助块拆除,如图 2.2.8 所示。

③混合:取适量爽身粉放入盘子中,在盘子中滴入 502 胶水。注意,胶水不可以直接滴到爽身粉上,应该滴在爽身粉周围,然后用竹签将一部分爽身粉与一部分胶水混合。当混合物

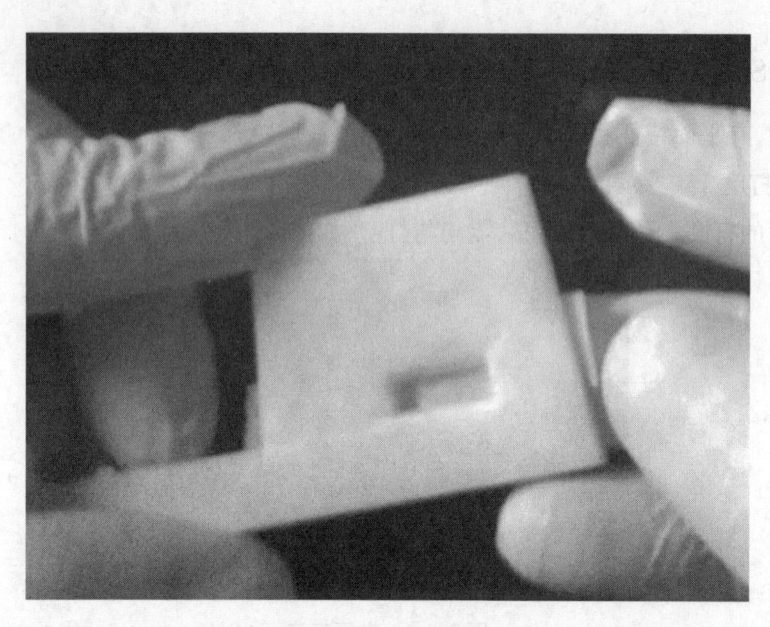

图 2.2.8　工件准备

太稀时，用竹签将旁边的爽身粉填补进来。当混合物太黏稠时，将旁边的胶水添加进来，如图 2.2.9 所示。

图 2.2.9　爽身粉与胶水混合

④涂抹：将混合物涂抹到破损处。涂抹时，要涂抹均匀，不能使内部出现空鼓现象，表面要涂抹平整，方便后续打磨操作，如图 2.2.10 所示。

⑤打磨：工件涂抹完成后，用砂纸对修补位置进行打磨，打磨时要沾水打磨，打磨完成后将辅助块拆除，模型修复完成，如图 2.2.11 所示。

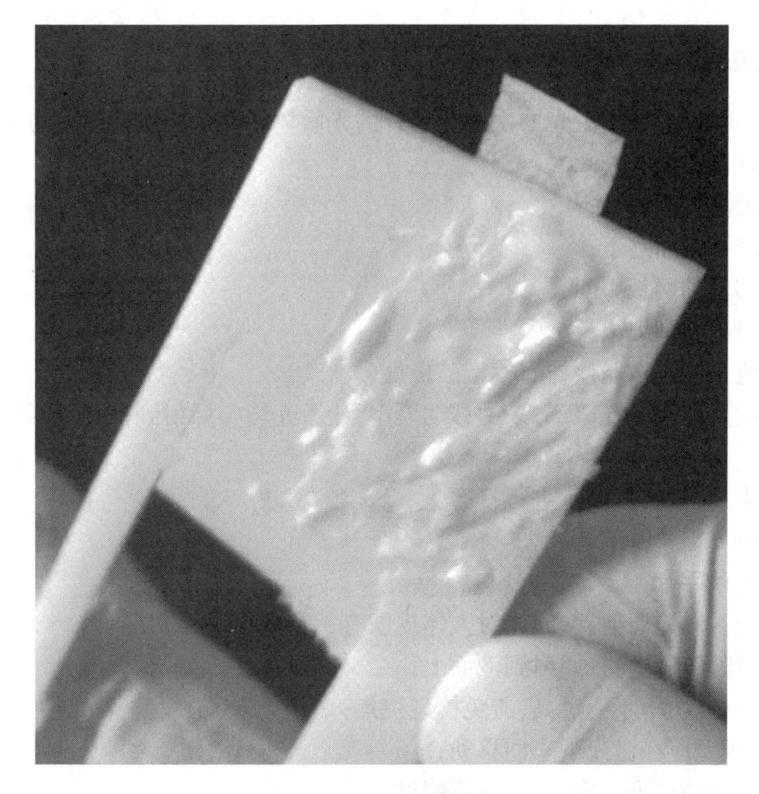

图 2.2.10　破损处涂抹

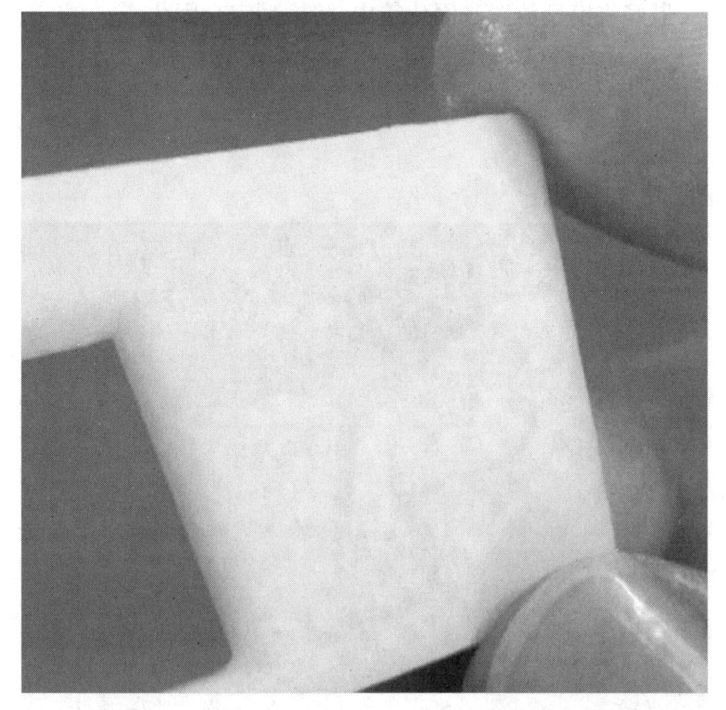

图 2.2.11　修补完成

2.2.6 激光补件

激光补件是指通过使用激光二次固化修补的光敏树脂件达到修复模型的功能。

1)激光补件操作流程:

①将设备激光功率调低;

②将网板降到液面之下;

③将刮刀移动到网板中间;

④将激光投射到刮刀上;

⑤用竹签蘸上液态树脂涂抹于模型破损处;

⑥将模型放置在激光光斑下,来回移动模型,让激光均匀照射到破损处,将破损位置上的树脂进行固化。

⑦补件结束后,对破损位置进行打磨。

2)注意事项

①补件时要戴手套;

②皮肤不要被激光照射到,激光对人体皮肤有一定的损害;

③补件时,激光不能直接照射到液面上;

④补件时,激光功率不能过高,避免模型烧焦;

⑤补件时,模型应在激光下来回移动;

⑥每次蘸树脂到模型表面时,树脂不能过多;

⑦补件结束后,最好将模型放置光固化箱中,将模型完全固化。

2.2.7 原子灰补件

(1)所需工具

所需工具如图 2.2.12 所示:

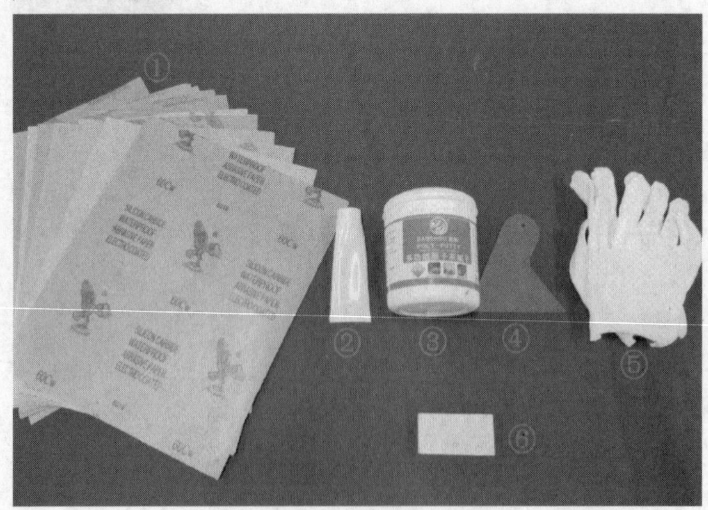

图 2.2.12 填补模型工具

①各目数砂纸;

②固化剂；
③原子灰；
④刮刀；
⑤手套；
⑥打磨块。

(2)原子灰补件操作

使用原子灰和固化剂按100∶2的比例混合，然后填补至工件有瑕疵的地方。
具体操作流程如图2.2.13所示。
①工件喷涂底灰；
②调和原子灰与固化剂；
③涂抹工件；
④原子灰涂抹所有缺陷处；
⑤放至恒温烤箱烘烤；
⑥烘烤效果。

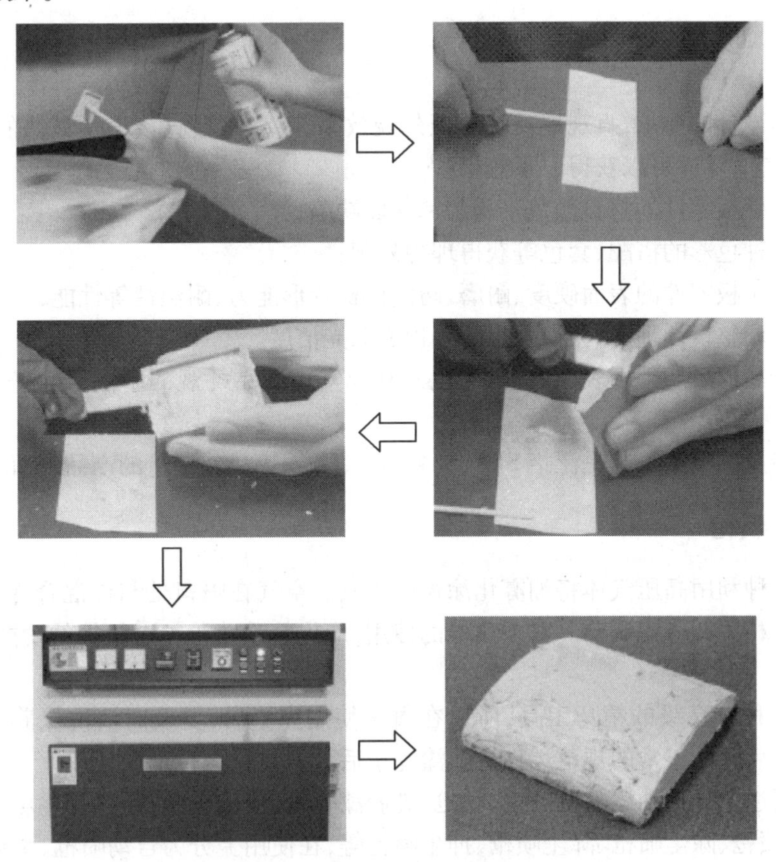

图2.2.13　原子灰补件流程

(3)原子灰的打磨

工件补灰完成后需要对粘附表面的原子灰进行打磨处理。打磨整体过程如图2.2.14所示。

①打磨工件曲面;
②使用打磨块打磨平面;
③工件打磨完成。

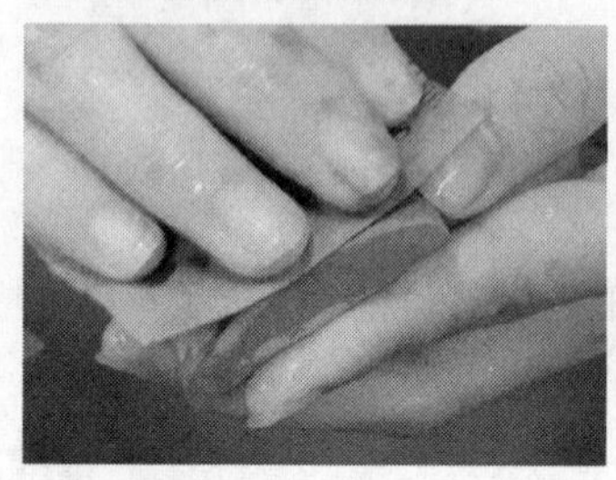

图 2.2.14　打磨整体过程

注意事项:
①先用低目数砂纸粗磨,后用高目数砂纸细磨;
②打磨至工件表面的灰厚薄一致,表面光顺即可。

任务 2.3　喷漆

根据产品设计的要求,直观地反映手板外观效果,喷漆是最直接也是最快的一种表现手法。通过此工艺,零件可以获得以下效果:

①可遮盖手板零件的材料颜色不均匀和表面缺陷;
②通过多种色彩的搭配、套色等获得理想外观;
③改善了手板零件的表面硬度、耐磨、防潮性抗变形能力、耐温性等性能;
④可随意调整设计理念,获得理想的手板表面光洁度。

在快速产品的后期手板表面处理中,也有其他实现产品外观的手法,如喷塑、电镀、真空镀膜技术等。

本章所涉及的喷漆工艺是泛指 SLA、SLM、SLS、FDM 等快速制造的产品表面的喷漆工艺。

2.3.1　喷枪

喷枪是一种利用高压气体将油雾化涂覆的工具。空气在喷口处与油混合并雾化,雾化的形状可以通过相关调节钮调节。对于喷枪的使用,应先熟悉喷枪各个机构的功能,掌握要领,灵活运用。

喷枪是一种较高级的精巧工具,所以在每次使用完毕后,要及时清洗保养,此点不可忽略。一切就绪后开始正常的规范运作。喷漆完毕后放入烘箱进行干燥处理。

喷枪在用途上分为油漆喷枪、胶衣喷枪、乳胶漆喷枪、喷枪化妆、特殊用途喷枪、汽车底板胶喷枪、防尘喷枪、除尘喷枪、降尘喷枪、抑尘喷枪等,在使用上分为自动喷枪、手动喷枪。

(1) W75 喷枪

材质:镍铬合金、铝合金。

供料方式:虹吸式。

工作压力:0.3 ~ 0.68 Mpa。

适用漆:金属漆、油漆、乳胶漆。

口径:1.5 mm。

喷涂漆量:180 ~ 210 L/min。

喷幅:170 ~ 185 mm。

壶容量:600 mL。

(2)喷枪工作前的注意事项

①用户所配空气压缩机的容量应符合说明书规定的该机空气消耗量,并应尽可能大于消耗量。出气管和进气管口径应符合说明书中的规定,以便保持足够的进气量。

②空压出来的压缩空气经过过滤后进入喷气设备,这样有利于确保气动系的使用寿命。

③油漆要先过滤,滤网应根据油漆的黏度、粒度选择。滤网太细,油漆不易通过,过粗则喷枪容易被堵塞。

④空气压缩机应尽可能地远离喷涂现场,以减少压缩机污染的可能性。

⑤所有无气喷涂设备都应有良好的接地,以免产生静电火花。

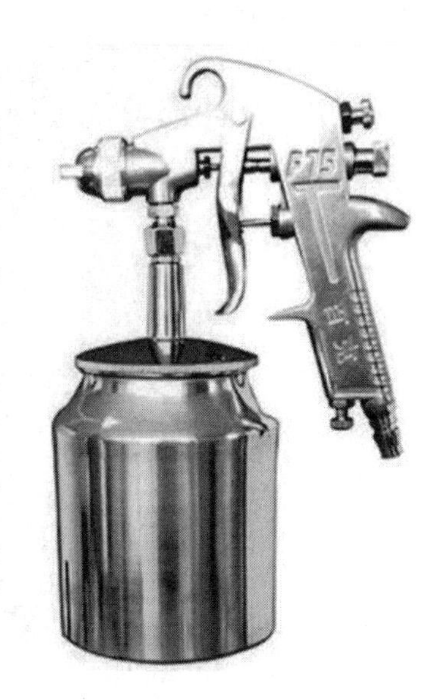

图2.3.1　虹吸式

(3)喷涂过程中的注意事项

①喷涂过程中,清洗、更换喷嘴或不喷时应及时将喷枪扳机自锁挡片锁住。

②在任何情况下,喷枪口不准朝向自己或他人,以免损伤。

③采用尽可能低的喷涂压力,过高的涂料压力不会改进涂层,只会缩短设备的寿命及增加喷嘴的磨损,同时增加不安全因素。

④去掉手上所有的佩饰,以防万一。

⑤保持枪壶盖的空气孔畅通,否则将会导致涂料流量偏小。

⑥严禁在工作中用手拖拽、卡折进气压力管。

(4)喷涂结束后的注意事项

①喷涂结束后,设备应及时清洗。气动型无气喷涂设备的清洗一般分三个步骤;

a. 涂料的排出:将吸入管从涂料桶中提起,使泵空载运行,将泵内、过滤器、高压软管和喷枪内剩余涂料排出;

b. 溶剂空载循环:将吸入管插入溶剂内,用溶剂空载循环将设备各部件清洗干净;

c. 溶剂的排出:将吸入管提出溶剂桶,空载循环,排出溶剂。

②严禁使用超声波清洁喷枪。

③严禁整枪浸入清洗溶剂中,以免溶剂进入喷枪的空气管道,引起喷枪的损坏。

④喷枪严禁喷涂碱性涂料和研磨的喷涂材料(如铅丹和液体钢砂等)。

⑤喷涂和清洗喷枪所用的溶剂严禁使用偏酸性或偏碱性液体(如回收再生溶剂),否则容易造成喷枪部件腐蚀损毁。

2.3.2　气源

喷漆所用的高压气体是由压缩机提供的。压缩机将普通大气压力压缩至4～8 MPa,经储气包—压力调配器—一级油水精滤器—二级油水精滤器(图2.3.2)—进入喷枪—经过扳机控制雾化油漆喷出。

图2.3.2　气源装置

在使用空气压缩机时应该注意:

①每次启动前应该检查润滑油位;

②压缩机周围无堆放物品;

③压缩机启动后运行正常,无异响或异常;

④及时放空储气罐里面的废油水;

⑤当压缩机油位指示低于警告值时,应该及时补充润滑油。

2.3.3　喷漆工艺对环境的要求

(1)照明

应选择宽敞明亮、接近自然光的环境,以及便于分辨色度、有益身体健康的工作环境。

(2)防尘

①从保护工作者的角度出发,必须提供安全和健康的工作场地;

②清新的环境有利于防止工件的二次污染;

③保护环境。

(3)空滤

空气滤清系统提供清新的低粉尘空气,防止工件的污染。

排除喷漆时产生的粉尘和挥发性气体。

(4)换气

换气系统要求对双向气流有过滤作用,防止双向污染。

(5)清理

整洁干净的换漆房便于进行常规性的卫生清理,以防止环境粉尘污染对工作者和工件的污染。

(6)防火

喷漆房由于含有易燃挥发性稀释剂和溶剂挥发物,禁止明火、抽烟等危险性引爆、引燃操作。

(7)干燥

干净卫生的良好环境和相对湿度便于提高结合面的结合强度。

(8)静电

工件带有静电,容易吸附微小灰尘,不利于附着油漆。

2.3.4　喷漆工具的使用

(1)喷枪

喷枪是一种利用高压气体将油漆雾化涂覆的工具。空气在喷口处与油漆混合,并使其雾化,雾化的形状可以通过相关调节钮调节,如图2.3.3所示。对于喷枪的使用,应先熟悉喷枪各个机构的功能,掌握要领,灵活运用。

图2.3.3　喷枪

(2)喷笔

喷笔如图2.3.4所示,操作说明如下:

①双动喷笔的特点是可以同时控制气流大小和颜料流量,向下按就是打开气流,用控制按下的力量来控制气流大小。

②向后拉按钮来控制颜料的流量。

③对于阀针的清洗,一定要注意不能对其施加过强的外力,以免偏离同心度,导致喷枪报废。

1)工作前的注意事项

①用户所配空气压缩机的容量应符合说明书规定的空气消耗量,并应尽可能大于消耗量。出气管和进气管口径应符合说明书中的规定,以便保持足够的进气量。

②空压出来的压缩空气经过过滤后进入喷气设备,这样有利于确保气动系的使用寿命。

③油漆要先过滤,滤网应根据油漆的黏度、粒度选择。

④空气压缩机应尽可能地远离喷涂现场,以减少压缩机污染的可能性。

⑤所有无气喷涂设备都应有良好的接地,以免产生静电火花。

2)喷涂过程中的注意事项

①喷涂过程中,清洗、更换喷嘴或不喷时应及时将喷枪扳机自锁挡片锁住。

②在任何情况下,喷枪口不准朝向自己或他人,以免造成损伤。

③采用尽可能低的喷涂压力,过高的涂料压力不会改进涂层,只会缩短设备的寿命及增加喷嘴的磨损,同时增加不安全因素。

④去掉手上所有的佩饰,以防万一。

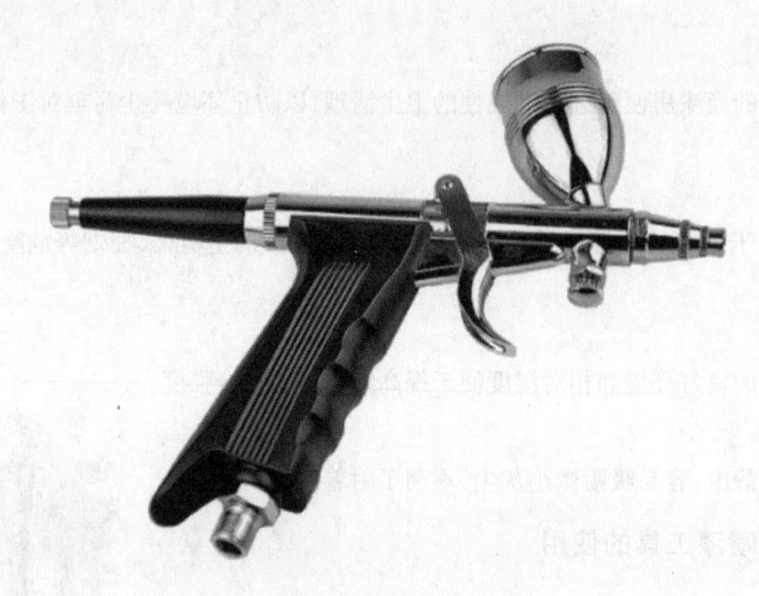

图2.3.4 喷笔

⑤保持枪壶盖的空气孔畅通,否则将会导致涂料流量偏小。

⑥严禁在工作中用手拖拽、卡折进气压力管。

3)喷涂结束后的注意事项

①喷涂结束后,设备应及时清洗。气动型无气喷涂设备的清洗一般分三个步骤。

A. 涂料的排出:将吸入管从涂料桶中提起,使泵空载运行,将泵内、过滤器、高压软管和喷枪内剩余涂料排出。

B. 溶剂空载循环:将吸入管插入溶剂内,用溶剂空载循环将设备各部件清洗干净。

C. 溶剂的排出:将吸入管提出溶剂桶,空载循环,排出溶剂。

②严禁使用超声波清洁喷枪。

③严禁整枪浸入清洗溶剂中,以免溶剂进入喷枪的空气管道,引起喷枪的损坏。

④喷枪严禁喷涂碱性涂料和研磨的喷涂材料(如铅丹和液体钢砂等)。

⑤喷涂和清洗喷枪所用的溶剂严禁使用偏酸性或偏碱性液体(如回收再生溶剂),否则容易造成喷枪部件腐蚀损毁。

(3)气源

如图2.3.5所示,喷漆所用的高压气体是由压缩机提供的。压缩机将普通大气压力压缩至4~8 MPa,经储气包—压力调配器— 一级油水精滤器—二级油水精滤器进入喷枪,经过扳机控制雾化油漆喷出。

在使用空气压缩机时应该注意:

①每次启动前应该检查润滑油位;

②压缩机周围无堆放物品;

③压缩机启动后运行正常,无异响或异常;

④及时放空储气罐里面的废油水;

⑤当压缩机油位指示低于警告值时,应该及时补充润滑油。

图2.3.5　压缩机

2.3.5　工艺流程

手板零件喷漆工艺基本路线如下：

清洗→除油→祛除毛刺→打磨→清洗→表调→清洗→干燥→喷涂→干燥→打磨→清洗→干燥→喷涂→干燥→喷涂→干燥→质检→入库包装表调。表调是“表面调整”简称，顾名思义可以理解为采用物理和化学方法来改变零件表面的一种手段，达到改善物质表面、在某种场合下具最佳特定功能的目的。

(1)准备工作

清洗干净的手板经过打磨，得到合格的原色产品，在喷漆之前还要进行洁净处理。有两种清理方法：液体清洗、喷砂。

(2)液体清洗

①酒精清洗如图2.3.6所示。取浓度不低于90%的酒精进行零件的表面刷洗。

②丙酮清洗。取浓度不低于90%的丙酮进行零件的表面刷洗。

③异丙醇清洗。取浓度不低于95%的异丙醇进行零件的表面刷洗。

④TM清洗液清洗。

所有的清洗应在通风良好的环境下进行，严禁一切明火、抽烟，或加热装置在一边工作。

图2.3.6　酒精

(3)3D 打印、CNC、雕刻机等零件的清洗

一般采用洗衣粉清洗。配比较高浓度的洗衣液温度在 25 ~ 30 ℃内,将零件浸泡在液体里一段时间(10 分钟左右),用毛刷(如图 2.3.7 所示)、牙刷(如图 2.3.8 所示)清洗附漆表面,主要清理脱膜剂、汗渍、油渍等污物。

图 2.3.7 毛刷

图 2.3.8 牙刷

(4)喷砂

喷砂又叫吹砂。该工艺能使物件表面得到均匀的粗糙度,以便零件和底漆更好地结合,如图 2.3.9 所示。

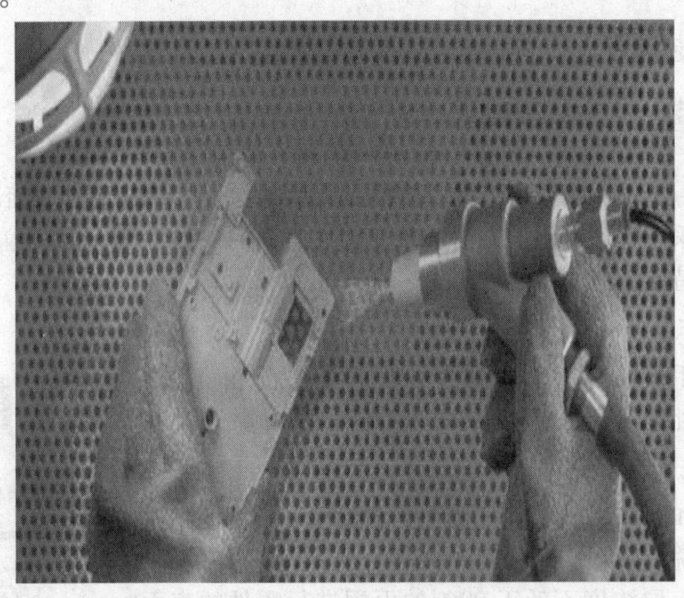

图 2.3.9 零件表面喷砂

第二种清理方法:在清洗完毕后,将零件用清水漂洗干净然后吹干。吹干所使用的气源要求是无水、无污油的干燥干净的空气。

(5)烘干

经过上述工艺处理后,我们得到的是具有一定含湿量的零件。含湿量对底漆有降低表面附着力和容易出现表面针孔等影响,所以需要进一步提高零件干燥度。

提高干燥度有以下几种方法:

①3D 打印零件可在 35 ~ 40 ℃、时间不少于 30 分钟下在烘箱(如图 2.3.10 所示)内风浴烘干。

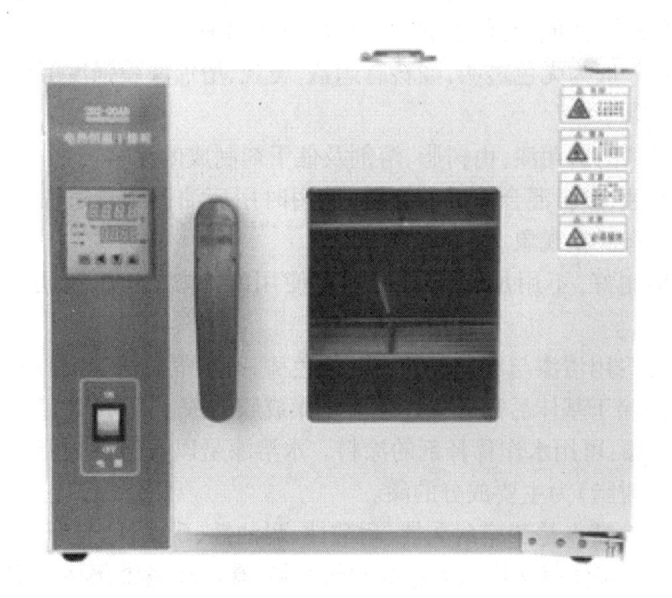

图2.3.10　工业烘箱

②3D打印零件可在40～45 ℃、时间不少于30分钟下用热风枪(如图2.3.11所示)风浴烘干。

图2.3.11　风枪

③自然晾干(环境相对湿度低于45%时比较理想)。

(6)第一道底漆

1)涂料组成

①成膜物质:构成涂料的基础,是涂层的主要物质。

②溶剂:又称稀释剂,可使涂料保持溶解状态,调整涂料黏度便于操作。不同涂料有不同溶剂。

助剂:改善涂料施工性能,有催干剂、增韧剂、固化剂等。

颜料:成膜物质一般为无色透明,颜料有遮盖、美观、增加漆膜强度等作用。

2)常用涂料(油漆)

①清漆:不含颜料的透明漆,由树脂、溶剂及催干剂制成的涂料。

②厚漆:由干性油、颜料混合而成的涂料,使用时用清油调到合适黏度。该漆干燥慢、漆膜软,炎热潮湿天气有反粘现象。

③调合漆:已调制好,不用加任何材料即可使用的涂料,分油性调和漆和磁性调和漆两种。

④磁漆(树脂漆):用清漆与着色颜料调配的色漆,有酚醛磁漆、醇酸磁漆等。

⑤烘漆(烤漆):涂于基体后需经烘烤才能干燥成膜的漆。

⑥水溶漆、乳胶漆:可用水作稀释剂的涂料。水溶漆是以水溶性树脂为主要成分的漆;乳胶漆是以乳胶(合成树脂)为主要成分的漆。

⑦大漆(天然漆):特点是漆膜耐久性、耐酸性、耐油性、耐水性、光泽性均较好。

⑧底漆:直接涂于基体表面作为面漆基础的涂料,有环氧底漆、酚醛底漆等。

⑨腻子:由各种填料加入少量漆料配制的糊状物,主要用于底漆前,使基体表面平整。

在开始工作时,要清洁现场,尽量减少人员活动,停止有粉尘的工作程序进行。喷第一道底漆要求表面涂层均匀,不应产生流痕、漏面等。喷第一道底漆能尽显零件表面的缺陷,便于后期表面缺陷处理。

(7)补缺

喷涂一遍底漆的快速零件基材或多或少地会显现出零件缺陷。针对缺陷一般采用的修补原料有:单体固化腻子、汽车腻子、慢干502胶水“哥俩好”(如图2.3.12所示)等粘合剂。

注意:修补完的零件要求清理清洗干净、烘干。

(a)慢干型502

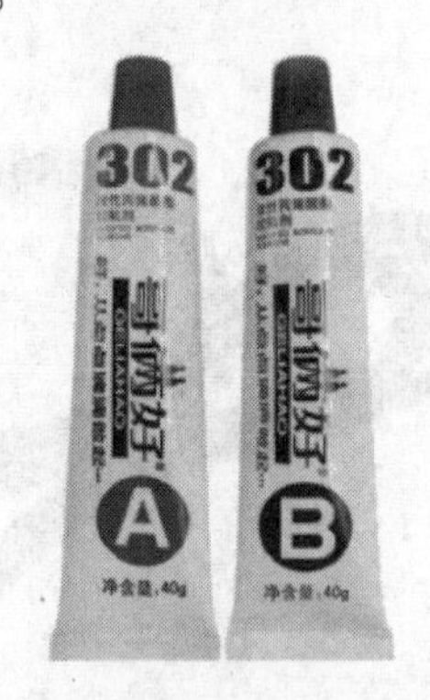

(b)哥俩好

图2.3.12 胶水

(8)第二道底漆

第二道底漆又称中涂底漆。一般两次涂底漆就可以解决零件的表面质量,如果还存在缺陷,请重复前几个流程。中涂底漆的作用是有效地隔离机体。

中涂底漆起着承上启下的作用,对机体要求有良好的附着力,表面均匀、光洁、平整,对表层彩漆起着稳定作用。

(9)面漆

面漆分单色漆和套色多层漆。对零件来说,面漆是装饰保护层,对色彩要求有较高的稳定性,对喷漆质量要求具有色调纯正、清洁、丰满、光亮、不垂、不挂、光泽均匀、无漏喷、无虚烟、无花枪、流平好、无咬底、不浮躁、无偏色、没针眼、厚度均匀、无杂质等。套色时应该注意与设计方案的吻合,色层之间无明显的硬性过渡边界,套色层面厚度统一,无色界波浪。

面漆喷涂前准备工作:

①用色卡(如图2.3.13所示)确定颜色、光泽、色度和油漆用量等。

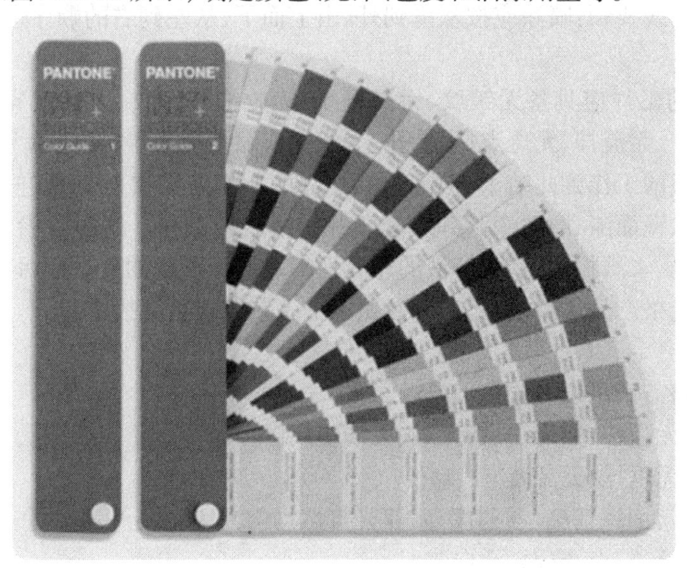

图2.3.13　色卡

②选择涂料的品种。

③检查油漆的性能要求:干燥温度、环境湿度、环境清洁度等。

④油漆搅拌均匀。

⑤调整涂料流动黏度。

⑥搅拌好的油漆静置、沉淀、净化、过滤。

⑦颜色调整。

⑧净化气源技术参数的确定:一般整定在0.8 MPa。

⑨确定喷枪型号:喷枪的口径为0.2~1.5 mm,调节气源压力使之保持恒压时间加长,喷花枪的压力可调节为0.3~0.45 MPa。

⑩喷嘴与被喷面的距离一般以15~30 cm为宜。

⑪喷出漆流的方向应尽量垂直于物体表面。

⑫每一喷涂条带的边缘应当与前一已喷好的条带边重叠1/3边。

⑬保持喷枪的运动速度均匀一致。

⑭试喷:拿白纸或材质相同的材料进行。

(10)后续说明

1)喷漆技巧

想要喷出漂亮合格的产品,请记住并灵活运用以下几点:

①合理的流动黏度，按厂家提供的配比稀释。

②合理的涂层厚度，20 μm。

③喷枪与物体之间的角度，90°。

④喷枪雾化形状，可调。

⑤喷枪与物体之间的距离，20 cm 左右。

⑥合理的喷涂压力，4 ~ 6 kg/cm^2。

⑦合理的移动速度和均匀性，按 25 cm/秒左右行走。

⑧掌握喷涂路线要领：喷涂应按从里到外、由上而下、从左到右的顺序进行。

2）检验方法

工艺完成后的工件应具备无皱纹、无交融线、无收缩枝裂纹、无黏附异料、无灰尘、无气泡、无裂痕、无胶皮、无流挂、无斑点、无针孔、无渗色或缩孔现象等，经检验无误后打包入库。

一般样品手板的工作到此结束，但高仿真样品的制作还需要对表面进一步美化，如喷涂耐磨漆、高光亮漆、镜面漆、磨砂漆、移印、套印等后续装饰工作。这时除参考以上所述，还需考虑环境粉尘污染、飞溅物污染、溶解液的相容性等对产品形成的二次面污染。

初次检验不合格产品需要返工，返工参照以上工艺路线可穿插进行。

3）验收标准

手板验收合格需满足以下要求：

①手感光滑、无颗粒感、无缩点、无皱、无橘皮纹。

②漆面饱和，无垂挂、无流波。

③光泽合适（清面漆清亮、透明度高、亚光自然均匀）。

④无流坠、刷痕、露点、露面、泛白。

⑤对其他基漆无污染、杂染。

⑥清漆基层无污染、混溶。

⑦套色漆读基层平整、光滑，无挡、涩手感。

⑧透底有色漆施工色彩、深浅均匀一致。

任务 2.4 复膜技术

对于批量不大的注塑件生产，可以采用 RP 原型快速翻制的硅橡胶模具通过树脂材料的真空注型来实现，这样，能够显著缩短产品的制造时间，降低成本，提高效率。对于没有细筋、小孔的一般零件，采用硅橡胶模具浇注树脂件可制作制品达到 50 件以上。采用硅橡胶模具进行树脂材料真空注型的工艺流程如图 2.4.1 所示。

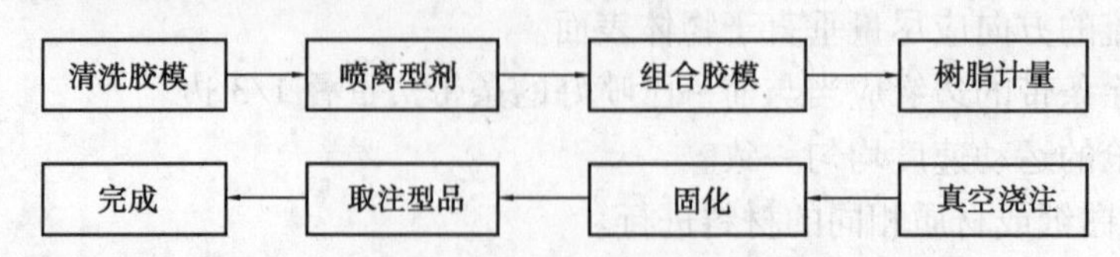

图 2.4.1 注型产品快速制作工艺流程

2.4.1　硅橡胶模具材料

(1)有机硅胶产品性能

有机硅胶产品的基本结构单元是由硅—氧链节构成的,侧链则通过硅原子与其他各种有机基团相连。因此,有机硅产品的结构既含有“有机基团”,又含有“无机结构”,这种特殊的组成和分子结构使它集有机物的特性与无机物的功能于一身。与其他高分子材料相比,有机硅产品的最突出性能如下:

1)耐温特性

有机硅产品的热稳定性高,高温下(或辐射照射)分子的化学键不断裂、不分解。有机硅不但可耐高温,而且也耐低温,可在 -60 ~ 360 ℃温度范围内使用。有机硅胶无论是化学性能还是物理机械性能,随温度的变化都很小。

2)耐候性

有机硅产品的主链为 -Si-0-,无双键存在,因此不易被紫外光和臭氧所分解。有机硅具有比其他高分子材料更好的热稳定性以及耐辐照和耐候能力。有机硅中自然环境下的使用寿命可达几十年。

3)电气绝缘性能

有机硅产品都具有良好的电绝缘性能,其介电损耗、耐电压、耐电弧、耐电晕、体积电阻系数和表面电阻系数等均在绝缘材料中名列前茅,而且它们的电气性能受温度和频率的影响很小。因此,它们是一种稳定的电绝缘材料,被广泛应用于电子、电气工业上。有机硅除了具有优良的热性外,还具有优异的拒水性,这是电气设备在湿态条件下使用具有高可靠性的保障。

4)生理惰性

聚硅氧烷类化合物是已知的最无活性的化合物中的一种。它们十分耐生物老化,与动物体无排异反应,并具有较好的抗凝血性能。

5)低表面张力和低表面能

有机硅的主链十分柔顺,其分子间的作用力比碳氢化合物要弱得多,因此,比同分子量的碳氢化合物度低、表面张力弱、表面能小、成膜能力强。这种低表面张力和低表面能是它获得多方面应用的主要原因,如疏水、消泡、泡沫稳定、防粘、润滑、上光等各项优异性能。

(2)有机硅的分类

有机硅主要分为硅橡胶、硅树脂、硅油三大类。硅橡胶主要分为室温硫化硅橡胶、高温硫化硅橡胶。

室温硫化橡胶按其包装方式可分为单组分和双组分室温硫化硅橡胶,按硫化机理又可分为缩合形和加成型。因此,空温硫化硅橡胶按成分、硫化机理和使用工艺不同可分为三大类型:

- 单组分室温硫化硅橡胶:
- 双组分缩合型室温硫化硅橡胶:
- 双组分加成型室温硫化硅橡胶。

这三种系列的室温硫化硅橡胶各有其特点:

单组分室温硫化硅橡胶的优点是使用方便,但深部硫化较困难;

双组分室温硫化硅橡胶的优点是固化时不放热,收缩率很小,不膨胀,无内应力,固化可在内部和表面同时进行,可以深部硫化。

双组分室温硫化硅橡胶可在-65~250 ℃温度范围内长期保持弹性,并具有优良的电气性能和化学稳定性,能耐水、耐臭氧、耐气候老化,加之用法简单,工艺适用性强,因此,广泛用作灌封和制模材料。各种电子、电器元件用室温硫化硅橡胶涂覆、灌封后,可以起到防潮、防腐、防震等保护作用,可以提高性能和稳定参数。双组分室温硫化硅橡胶特别适宜于做深层灌封材料并具有较快的硫化时间,这一点是优于单组分室温硫化硅橡胶之处。双组分室温硫化硅橡胶硫化后具有优良的防粘性能,加上硫化时收缩率极小,因此,适合于用来制造软模具,用于铸造环氧树脂、聚酯树脂、聚苯乙烯、聚氨酯、乙烯基塑料、石蜡、低熔点合金等的模具。此外,利用双组分室温硫化硅橡胶的高仿真性能可以在文物上复制各种精美的花纹。双组分室温硫化硅橡胶在使用时应注意:首先把胶料和催化剂分别称量,然后按比例混合,混料过程应小心操作以使夹附气体量达到最小。胶料混匀后(颜色均匀),可通过静置或进行减压除去气泡,待气泡全部排出后,在室温下或在规定温度下放置一定时间即硫化成硅橡胶。

双组分室温硫化硅橡胶硅氧烷主链上的侧基除甲基外,可以用其他基团(如苯基、三氟丙基、氰乙基等)所取代,以提高其耐低温、耐热、耐辐射或耐溶剂等性能。同时,根据需要还可加入耐热、阻燃、导热、导电的添加剂,以制得具有耐烧蚀、阻燃、导热和导电性能的硅橡胶。

双组分室温硫化硅橡胶硫化反应不是靠空气中的水分,而是靠催化剂来进行引发。通常是将胶料与催化剂分别作为一个组分包装。只有当两种组分完全混合在一起时才开始发生固化。

双组分缩合型室温硫化硅橡胶的硫化时间主要取决于催化剂的类型、用量以及温度。催化剂用量越多,硫化越快,同时搁置时间越短。在室温下,搁置时间一般为几小时,若要延长胶料的搁置时间,可用冷却的方法。双组分缩合型室温硫化硅橡胶在室温下要达到完全固化需要一天左右的时间,但在150 ℃的温度下只需要1小时。通过使用促进剂进行协合效应可显著提高其固化速度。

双组分加成型室温硫化硅橡胶的硫化时间主要决定于温度,因此,利用温度的调节可以控制其硫化速度。双组分加成型室温硫化硅橡胶有弹性硅凝胶和硅橡胶之分,前者强度较低,后者强度较高。它们的硫化机理是基于有机硅生胶端基上的乙烯基(或丙烯基)和交链剂分子上的硅氢基发生加成反应(氢硅化反应)来完成的。该反应不放出副产物。由于在交链过程中不放出低分子物,因此加成型室温硫化硅橡胶在硫化过程中不产生收缩。这一类硫化胶无毒、机械强度高,具有卓越的抗水解稳定性(即使在高压蒸汽下)、良好的低压缩形变、低燃烧性、可深度硫化等优点,且硫化速度可以用温度来控制,因此是目前国内外大力发展的一类硅橡胶。

(3)有机硅胶的用途

有机硅胶具有上述这些优异的性能,因此它的应用范围非常广泛。它不仅作为航空、尖端技术、军事技术部门的特种材料使用,而且也用于国民经济各部门,其应用范围已扩到纺织、汽车、机械、皮革造纸、化工轻工、金属和油漆、医药医疗等行业。

1)建筑

用于软管接头、电缆附件等。

2)电子电气

用于电脑、手机、遥控装置和其他控制器的键垫和键盘。

3)日用品

用于高档奶嘴、潜水面罩、高压锅O型密封圈、硅橡胶防噪耳塞等。

4)医药医疗

①硅橡胶胎头吸引器:操作简便,使用安全,可根据胎儿头部大小变形,吸引时胎儿头皮不会被吸起,可避免头皮血肿和颅内损伤等弊病,能大大减轻难产孕妇分娩时的痛苦。

②硅橡胶人造血管:具有特殊的生理机能,能做到与人体“亲密无间”,人的机体也不排斥它,经过一定时间,就会与人体组织完全相溶结合起来,稳定性极好。

③硅橡胶鼓膜修补片:其片薄而柔软,光洁度和韧性都良好,是修补耳膜的理想材料,且操作简便、效果颇佳。此外还有硅橡胶人造气管、人造肺、人造骨、硅橡胶十二指肠管等,功效都十分理想。随着现代科学技术的进步和发展,硅橡胶在医学上的用途将有更广阔的前景。

(4)模具用硅橡胶应具备的特性

模具硅胶有透明和不透明之分。在快速模具制造中,为了更快、更精准地开出合格的模具,首选透明硅橡胶。而简单几何形的手板,可以选择非透明硅橡胶制造。

传统的模具制造方式周期长、成本高。而硅橡胶模具是一种快速模具制造方法。由于硅橡胶具有良好的柔性和弹性,能够克隆结构复杂、花纹精细和具有一定倒拔模斜度的零件。硅橡胶快速模具制作周期短,制件质量高,可在短期内获得多个零件,以满足前期的研发验证工作。

模具用硅橡胶应具备变形小、耐高温、耐酸碱、膨胀系数低的特点。收缩率低,表面分子惰性强,复模次数多,模具硅胶收缩率在2%。抗拉力、弹力好,撕裂度好,不仅能使产品漂亮,而且能使产品不变形。硅胶耐高温在200 ℃都没有问题,-50 ℃下模具硅胶仍不脆,依然很柔软,仿真效果非常好,是POLI工艺品、树脂工艺品、灯饰、蜡烛等工艺品的复模及精密的模具原料。

模具硅胶、矽胶,统称双组分室温硫化硅橡胶,它具有优异的流动性、良好的操作性,室温下加入固化剂2%~10%,30分钟还可操作,2~3小时后生成模具,其固化后的萧氏硬度(SHore A)从10~60不等,抗拉强度达4~6 MPa,抗撕裂强度为5~23 kN/m。

硅橡胶在没添加固化剂前是一种糊状流动性半透明或不透明物体。在按比例添加固化剂搅拌均匀抽真空去除气泡后,倒入模框。硅橡胶会在所有空间包裹住母件,待固化后开模即可得到所需要的模具制造。

透明硅橡胶模具,在开模、制模、零件制造过程中可清晰地看到模具内情况,可以方便地随时掌握工作进展状态。不与浇注树脂发生化学反应,易脱模。保质期较长,性价比高。

2.4.2　真空注型机

(1)简介

为了满足前期研发工作的不同测试,我们需要通过制作硅橡胶模具来获得多个相同的零件。增材制造成型件一般是母件,而母件在行业里统称为手板。增材成型件由于在实际应用中受其原材料的制约,无法完成某些特殊的新产品功能性验证,对产品的功能性验证有一定的制约。为了更合理地检验产品,我们将使用真空注型机制作硅橡胶模具来获得多个实用性能相同的零件。真空注型机就是为制作小批量产品使用的专业设备。通过真空注型机,我们可以快速获取多个快速模具和性能类似 ABS 塑料的产品零件。

在硅橡胶模具制作时,双组分硫化硅橡胶使用前需要按一定的比例混合胶体和固化剂。液体本身中溶解了一些空气,在胶体和固化剂混合搅拌的过程中又会夹杂一些空气进入混合液中,如不将硅橡胶液中的空气排出,硅橡胶固化之后就会有很多气泡留在硅橡胶模具之中。硅橡胶模具中残存气泡会造成硅橡胶模具的物理特性下降,从而影响硅橡胶产品的使用寿命。如果模具的表面存在气泡造成的孔洞,还会影响模具表面质量,在翻模的时候会直接影响产品质量,导致模具与产品粘连、模具或制品充填不满、表面不平等。通过真空注型设备抽真空处理可排出液体中的气泡(脱泡)。脱泡过程在制模过程中很重要,如在真空状态下进行脱泡、搅拌和注型工作,可有效减少硅橡材料中的气泡,避免其影响硅橡胶模具的质量。抽真空处理一般分为模前抽真空处理和模后抽真空处理。所谓模前抽真空,就是调制好硅橡胶后还没有进行制模操作的时候对硅橡胶进行抽真空处理。只针对硅橡胶的抽真空比较容易实现,对抽真空用具的要求比较低。因为硅橡胶在抽真空脱泡后,在制模过程中还可能夹杂气泡。模后抽真空处理就是指硅橡胶已经用于模具制作后的抽真空处理,比如灌注模操作时硅橡胶已经倒入模槽了。这样操作能够更好地保证模具质量,因为模后抽真空处理是将制模的产品和成型中的硅橡胶一起抽真空的,基本上可以抽干所有的气泡。但是模后抽真空对设备的要求较高,需要容量比较大的抽真空机。真空浇注成型,也称真空复模,一般用快速成型件或现有实物作母件,通过使用真空浇注成型设备制作硅橡胶模具来获得多个实用性能相同的零件。

(2)真空注型设备(真空复模机、真空注型机)技术特点

缩短新产品的开发周期,减少开发费用,降低开发风险,成本低廉,操作简单,占地空间小,对原型产品复制不受产品的复杂程度限制,在真空状态下进行脱泡、搅拌和注型工作,能够复制出高品质的产品。

(3)真空注型机用途

真空注型机广泛应用于汽车、家电、玩具、电子电器等精密铸造领域的小批量产品的生产和试制;硅胶、液体橡胶、各种液体树脂的脱泡或注型工作;各种模型产品的小批量生产;石蜡真空浇注(精密铸造)工作;轮胎铝模前期制作以及石膏模制作等。

真空注型机是制造快速模具、快速零件的工艺保证。

(4)真空浇注箱和浇注系统

真空浇注成型设备内部结构如图 2.4.2 所示。通过真空浇注成型的方法,可以快速制作硅橡胶模和产品。

在液态硅橡胶中加入固化剂后一段时间内,其黏度和流动性基本上不发生变化,将其放入真空浇注成型机真空室中一边搅拌一边抽真空,使固化剂和硅橡胶充分地均匀混合,使硅橡胶中的空气泡及时排出,然后在真空状态下进行浇注制作硅橡胶模。

1)使用真空浇注成型设备浇注硅橡胶模过程

①硅橡胶模预热应在 25 ~ 70 ℃(根据不同硅橡胶材料)。

②浇注控制温度应在 25 ℃以上(以厂商提供数据为准)。

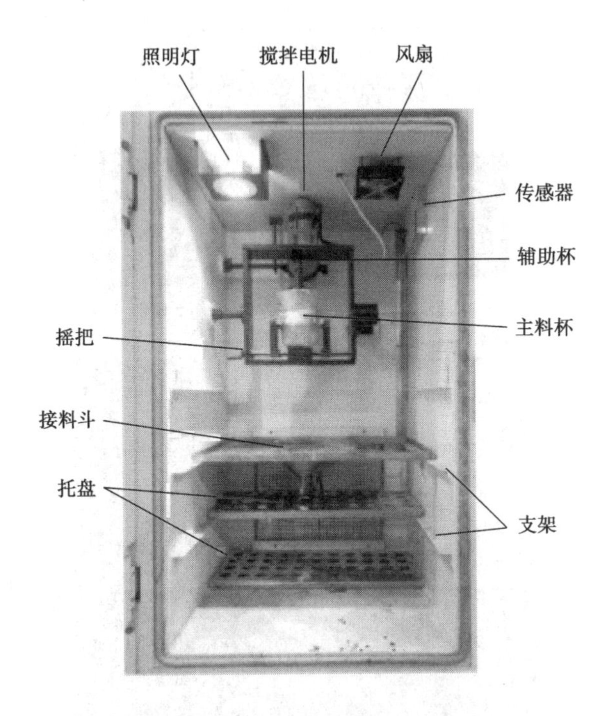

图2.4.2　真空注型机内部结构

③硅橡胶模固定,并让浇注口与料杯对好。

④配好双组分浇注料。

⑤将料杯与搅排固定。

⑥关门及关闭隔膜阀,启动真空泵及搅拌器,分别搅拌A、B料一分钟左右,然后将辅料杯中的材料倒入主料杯中,在规定时间停止真空泵及搅拌器。

⑦缓慢倾倒注模,当所有冒口冒出浇料时,打开隔膜阀,恢复大气压。

⑧将模具及时放置在水平桌上,在规定时间内脱模。

2)真空浇注机面板

真空浇注机面板(如图2.4.3所示)上一般都有温控器、定时器等仪表和一些按钮等,这些常见仪表和按钮的功能如下:

①电源指示:指示系统是否有电。

②急停按钮:遇到紧急情况按下该按钮,按钮自锁,切断除电源指示灯外的所有工作电源。顺时针旋可释放该按钮。

③温控器:硅橡胶材料和浇注用树脂需要按其材料要求加热和保持一定温度。真空浇注设备的电加热器接通后真空室的温度上升,当真空室的温度上升到设定温度时,温控器会自动恒温。

④定时器:定时器是个时间继电器,在搅拌和抽真空时用于计时。

⑤真空泵按钮:实现抽真空操作。

⑥搅拌器按钮:用于搅拌混合浇注用的双材料,可调节搅拌器转速。

⑦照明开关:接通或关断真空室照明。

⑧压力表:指示真空室压力。

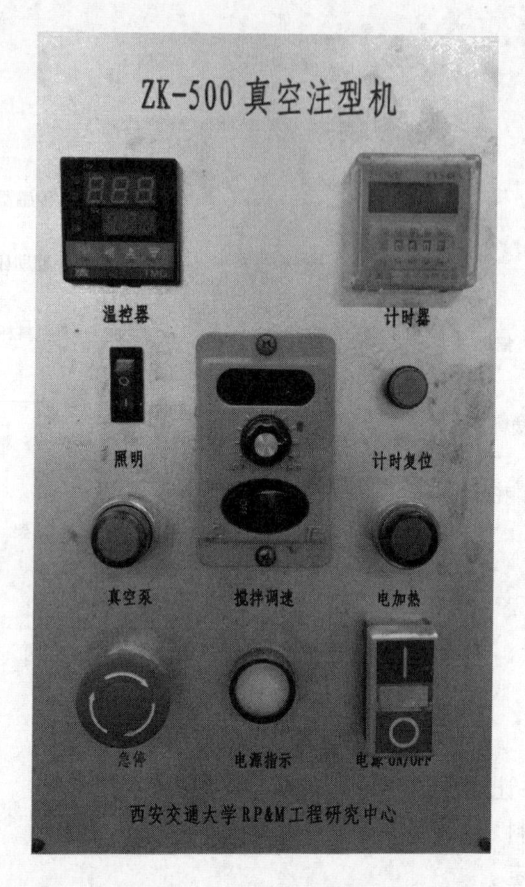

图 2.4.3 真空注型机面板

3）真空浇注成型设备使用注意事项

①设备应可靠接地。中性线也要可靠连接，否则不能正常工作。

②每次使用完后应及时将残料清理并用丙酮或酒精清理料杯、搅排及漏斗。

③真空泵应保持清洁，防止杂物进入泵内。

④真空泵应定期加油，如果设备使用频繁，一个月应加一次油。一般情况下，三个月加一次油。加油时需加真空泵油。

⑤真空泵换油时，停泵拧下放油塞放油，注意放出的油温度可能高达 90 ℃左右。保持进气口打开状态，启动真空泵约 10 s 放掉泵内残油。检查放油塞密封圈是否残缺、破裂、变形，若有则更换之。拧好放油塞，从注油口注入新油到要求的油位。如果泵油污染严重，需经几次换油过程。

⑥搅拌主料杯中的料时，在料多的情况下，应低速启动搅拌电机，根据料的多少再调高转速。

4）真空浇注成型设备故障及其消除

①极限真空不高及其消除：

A. 油位太低，不能对排气阀起油封作用，有较大排气声，可加油。

B. 油被可凝性蒸汽污染引起真空度下降，可打开气镇阀除水净化或换新油。

C. 泵口外接管道，容器测试仪表管道、接头等漏气。大漏时，有大排气声，排气口有气排出，应找漏，消除之。

E. 吸气管或气镇阀橡胶件装配不当,损坏或老化,应调整或更换。

F. 油孔堵塞,真空度下降,可放油,拆下油箱,松开油嘴压板,拔出进油嘴,疏通油孔。尽量不要用纱头擦零件。

G. 真空系统严重污染,包括容器、管道等,应予清洗。

H. 旋片弹簧折断,应予以调新。

I. 旋片、定子或铜衬磨损,应予以检查、修整或调换。

J. 泵温过高,这不但使油黏度下降,饱和蒸汽压升高,还可能造成泵油裂解。应改善通风冷却,降低环境温度。如新抽气体温度太高,应予先冷却后,再进入泵内。

②漏油:

A. 查看放油螺塞,油标油箱垫片是否损坏或装配不当,有机玻璃有无过热变形,应调整、更换或降低油温。

B. 泵与支座的连接螺钉未垫好、未拧紧,油封装配不当或磨损也会漏油,但不会污染场地。不严重的可继续使用,严重的应更换油封、垫圈或调整装配。

③噪声:可因旋片弹簧折断、进油量增大、轴承磨损、零件损坏或消声器不正常而产生较大噪声,应检查、调整或更换。

2.4.3　脱模剂

(1)简介

脱模剂是一种介于模具和成品之间的功能性物质。脱模剂有耐化学性,在与不同树脂的化学成分(特别是苯乙烯和胺类)接触时不被溶解。脱模剂还具有耐热及应力性能,不易分解或磨损;脱模剂黏合到模具上而不转移到被加工的制件上,不妨碍喷漆或其他二次加工操作。由于注塑、挤出、压延、模压、层压等工艺的迅速发展,脱模剂的用量也大幅度地提高。脱模剂是用在两个彼此易于粘着的物体表面的一个界面涂层,它可使物体表面易于脱离、光滑及洁净。脱模剂广泛应用于金属压铸、聚氨酯泡沫和弹性体、玻璃纤维增强塑料、注塑热塑性塑料、真空发泡片材和挤压型材等各种模压操作中。在模压中,有时其他塑料添加剂(如增塑剂等)会渗出到界面上,这时就需要一个表面脱除剂来除掉它。

(2)快速模具用脱模剂的要求

①对模具无侵蚀作用。

②形成的保护膜应有效地阻隔反应材料对模具的侵蚀,有效地保护模具。

③不参与材料反应。

④成限均匀、光滑、厚度一致性强。

⑤耐热,不会受热流淌、积聚。

⑥无毒、无侵蚀。

⑦操作技术要求一般,适应普遍无训练即可。

⑧价格适宜,来源充沛。

固化后的萧氏硬度(Shore A)从10~60不等,软硬适度可调,适合零件脱离模具,也适合粗放式操作和管理。

2.4.4 硅橡胶模具

硅橡胶模具的快速制作是快速模具制造技术中非常重要的一种方法。硅橡胶模具由于具有良好的柔性和弹性,对于结构复杂、花纹精细、无拔模斜度或具有倒拔模斜度以及具有深凹槽的零件来说,在制件浇注完成后均可直接取出,这是硅橡胶模具相对于其他模具的独特优点,同时由于硅橡胶具有耐高温的性能和良好的复制性和脱模性,因此它在塑料件和低合金件的制作中获得广泛应用。

用于制作硅橡胶模具的原形有多种,而在快速制模技术中,硅橡胶模具的制作采用快速原形零件作母模,采用硫化的有机硅橡胶进行浇注,直接制作成硅橡胶模具。这种快速翻制硅橡胶模具的方法——间接制模方法是快速制模技术中一种重要的制模方法。

2.4.5 硅橡胶快速模具制作方法

目前,硅橡胶模制作方法主要有两种,一种是真空浇注法,另一种是简便浇注法。

(1)真空浇注法

由于浇注普通硅橡胶时会产生较多的气泡,从而影响成形品质,为此,常采用真空浇注法进行浇注。根据硅橡胶的种类、零件的复杂程度和分型面的形状规则情况,这种方法又可以分为两种方法。

1)刀割分型面制作法

这种方法适用于透明硅橡胶、分型面形状比较规则的情况,其硅橡胶模具制作的步骤如下:

①彻底清洁定型样件,即快速原形零件。

②用薄的透明胶带建立分型线。首先要分析原形,选择分型面。硅橡胶模具分型面的选择较为灵活,有很多种不同的选择方法。根据原形零件的形状特点,硅橡胶模具可以有上下两个型腔,也可以只有一个型腔(此时就不用分型了),选择不同分型面的目的就是要使得脱模较为方便,不损伤模具,避免模具变形或者影响模具应有的寿命。

③利用彩色、清洁胶带纸将定型样件边缘围上,以作后期分模用。

④利用薄板围框,把定型样件固定在围框内,必要时加注一些通气杆。根据原形零件的不同,应选择、制作合适的模框。首先模框不能太小,如果太小,模具制作出来后侧壁太薄,分模时容易造成模具损坏并且影响模具的寿命。当然模框过大也会造成不必要的浪费,增加成本。

⑤计算硅胶、固化剂用量,称重、混合后放入真空注型机中抽真空,并保持真空 10 min。

⑥将抽真空后的硅胶倒入构建的围框内,之后,将其放入压力罐内,在 0.4 ~ 0.6 MPa 压力下,保持 15 ~ 30 min 以排除混入的空气。

⑦硅橡胶固化。浇注好的硅橡胶,要在室温 25 ℃左右放置 4 ~ 8 h,待硅橡胶不黏手后再放入烘箱内保持 100 ℃、8 h 左右,这样即可使硅橡胶充分固化。

⑧待完全固化后,拆除围框,随分模边界用手术刀片对硅胶模分型。

⑨把定型样件完全外露并取走,得到硅胶模。如果发现模具有少量缺陷,可以用新配的硅橡胶修补,并经同样固化处理即可。

2)哈夫式制作法

这种方法适用于不透明硅橡胶或分型面形状比较复杂的情况。采用哈夫式制作法,其硅橡胶模具的制作步骤如下:

①彻底清洁定型样。

②分析原形,选择分型面。

③利用薄板围框,根据原形零件的不同,选择和制作合适的模框。模框不能太小,如果太小,模具制作出来后侧壁太薄,分模时容易造成模具损坏并且影响模具的寿命。当然模框过大也会造成不必要的浪费,增加成本。

④用橡皮泥将定型样件固定在围框内,橡皮泥的厚度约占围框高度的1/2,并使橡皮泥与定型样件的相交线为分型面的部位。

⑤在橡皮泥的上平面上挖2~4个定位凹坑,以作上、下模合模时定位用。

⑥计算半模(如上模)所需的硅橡胶、固化剂用量,称重、混合后放入真空注型机中抽真空,并保持真空10 min。

⑦将抽真空后的硅橡胶倒入构建的围框内,然后,将其放入压力罐内,在0.4~0.6 MPa压力下,保持15~30 min以排除混入其中的空气。浇注好的硅橡胶要在室温25 ℃左右放置4~8 h,待硅橡胶不黏手后,再放入烘箱内100 ℃下保温8 h左右,使硅橡胶充分固化。

⑧待硅橡胶完全固化后,将围框翻转180°,取出橡皮泥,重新清洁定型样件,重复步骤⑥—⑦,做出硅橡胶模具的另一部分。

⑨撤除围框,把定型样件完全外露并取走,得到硅胶模。如果发现模具有少量缺陷,可以用新配的硅橡胶修补,并经同样固化处理即可。除了采用橡皮泥外,也可以采用脱模板的方法进行哈夫式制模。

(2)简便浇注法

硅橡胶模具的简便浇注方法,是在非真空状态下进行浇注,它特别适用于大型制件的模具,其制作步骤为:

①在普通工作室中,混合少量的硅橡胶和固化剂。

②将混合后的硅橡胶涂覆在母体的表面,构成厚度为1~2 mm的薄涂层。

③在固化过程中,使涂覆的硅橡胶层充分脱气,用刀片或针划破无法自行消失的气泡。

④待该薄层硅橡胶模初步固化和脱气后,将大量混合的硅橡胶和固化剂注入固定有原形零件的模框内,构成模具。

⑤待硅橡胶模初步固化后,撤去原形零件,再将硅橡胶模置于烘箱中,使其完全固化。这种方法虽然多了一道涂覆硅橡胶薄层并使其固化、脱气的工序,但是,不必采用真空箱就能得到表面无气泡的硅橡胶模,即使其内壁中可能有少量的小气泡,也不会影响硅胶橡模的使用性能。

除了在真空箱中对硅橡胶进行脱泡外,也可以采用压力罐对其进行脱泡和成形,其效果基本相同。

(3)硅橡胶模具制作工艺

1)母样件准备

快速成形法制作的原形在其叠层断面之间一般存在合阶纹或缝隙,需进行打磨、防渗与强化处理等,以提高原形的表面光滑程度、抗湿性、抗热性等。只有原形表面足够光滑,才能保证制作的硅胶模型腔的表面质量,进而确保翻制的产品具有较高的表面质量和便于从硅胶模中取出。制作硅橡胶模具前要对原形进行必要的处理。

具体步骤如下:

①将硅油脱模剂均匀地喷在母样件表面,并用干净的布擦干。应保证所有表面均有脱模剂,尤其是深孔和窄槽。

②确定分模线,并用红色油性笔标记出分型面。

2)固定母样

模框板的准备:按零件的几何尺寸单边加 20 ~ 30 mm 的原则下料,模框材料为 ABS 板(厚度大于 2 mm)。模框的尺寸应配合零件的大小决定。零件大则模具边相应放大。如某零件长、宽、高尺寸为 300 m × 200 m × 100 mm,则模具尺寸为 340 mm × 240 mm × 140 mm。在固定母样之前,需确定浇口的位置。当分型面和浇道选定并处理完毕后,确定母样在模框中的位置,将母样固定在模框的下底板中央中,可利用浇道口、排气道进行支撑。

3)模框制作

制作模框时,配合使用热熔胶枪进行黏接。注意黏接的时候,要黏接牢固。

4)准备硅橡胶

计算所需硅橡胶用量:硅橡胶用量根据所制作的模框体积和硅橡胶的密度准确计量,计算公式为

$$W = k \times a \times b \times c \times p$$

式中 W——硅橡胶质量,g;

k——考虑硅橡胶固化收缩、硅橡胶黏壁等损耗因素的安全系数,一般取 1.1 ~ 1.3;

a——模具长度, mm;

b——模具宽度, mm;

c——模具高度, mm;

p——硅橡胶密度,g/ mm。

用电子秤按比例准确称量硅橡胶和所需固化剂的质量。

5)硅橡胶抽真空

将装好硅胶料的杯子放入真空注型机。真空注型机抽真空后,将硅胶料充分搅拌均匀。

6)硅橡胶浇注

将搅排好真空脱泡后的硅橡胶倒入已固定好母样的模框内。浇注时注意,从侧壁浇注,不要冲到母样。

7)模具抽真空

硅橡胶浇注后,为确保模具型腔充填完好,再次进行真空脱泡。脱泡的目的是抽出浇注过程中抄入硅胶中的气体和封闭于母样空腔中的气体,此次脱泡的时间应比浇注前的泡时间适当延长,具体时间应根据所选用的硅橡胶材料的可操作时间和母样大小而定。

8)模具固化

脱泡后,硅胶模可自行硬化或加温硬化。加温硬化可缩短硬化时间。

9)开模

当硅胶模硬化后,即可将模框拆除并去掉浇道棒等。参照母样分型面的标记用刀剖开

模,将母样取出,并对硅胶模的型腔进行必要清理,便可利用所制作的硅橡胶模具在真空状态下进行产品的制造。具体步骤如下:

①沿分型面标记找到模具分型面。

②在模具四周对应分型面处用手术刀划出波浪线,确保母样在无受力或少受力的情况下顺利脱模。

③使用专用开模钳和手术刀剖开模具,行刀的要求是刀尖走直线,刀尾走曲线。

④小心取出母样,注意不要损坏凸模上的细小结构,如薄里结构、小圆柱等。

⑤取出 ABS 棒,形成浇口。

⑥用气针在上模内侧垂直向上打出若干孔,用于排气。

⑦用棉球浸酒精清洗模具表面及浇口,风干待用。

对已制成的模具进行必要的修模和保养,确保浇口畅通,避免影响合模错位引起误差。

任务2.5　立体光固化成型(SLA)后处理准备工作

2.5.1　后处理工具、材料准备

本项目中 SLA 工艺制造的花洒产品包含清洗、去支撑、打磨、喷砂、喷漆等工序,针对这些工序需要准备的工具与材料如图 2.5.1 所示。

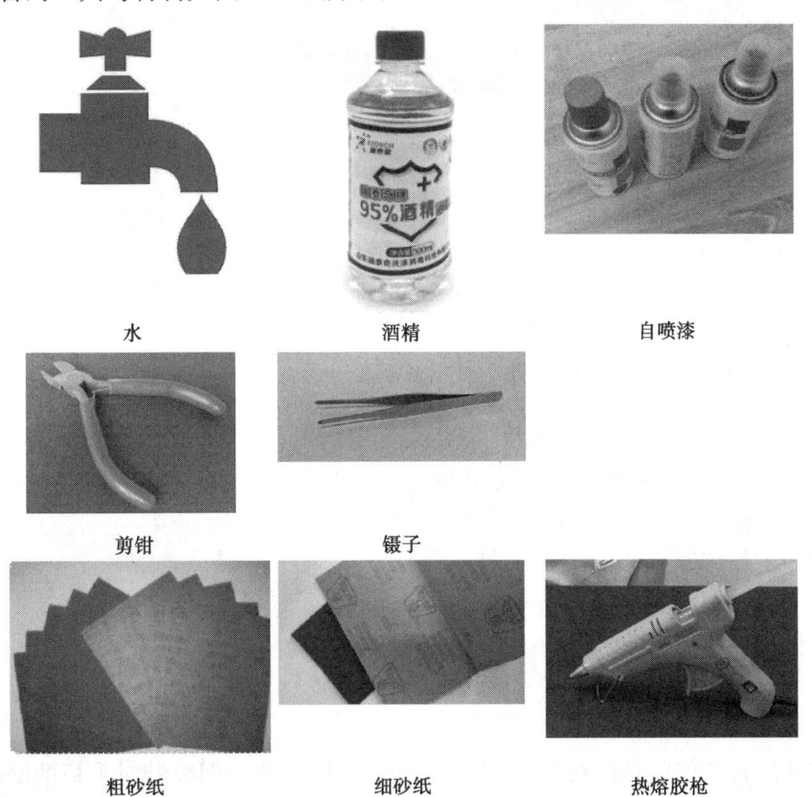

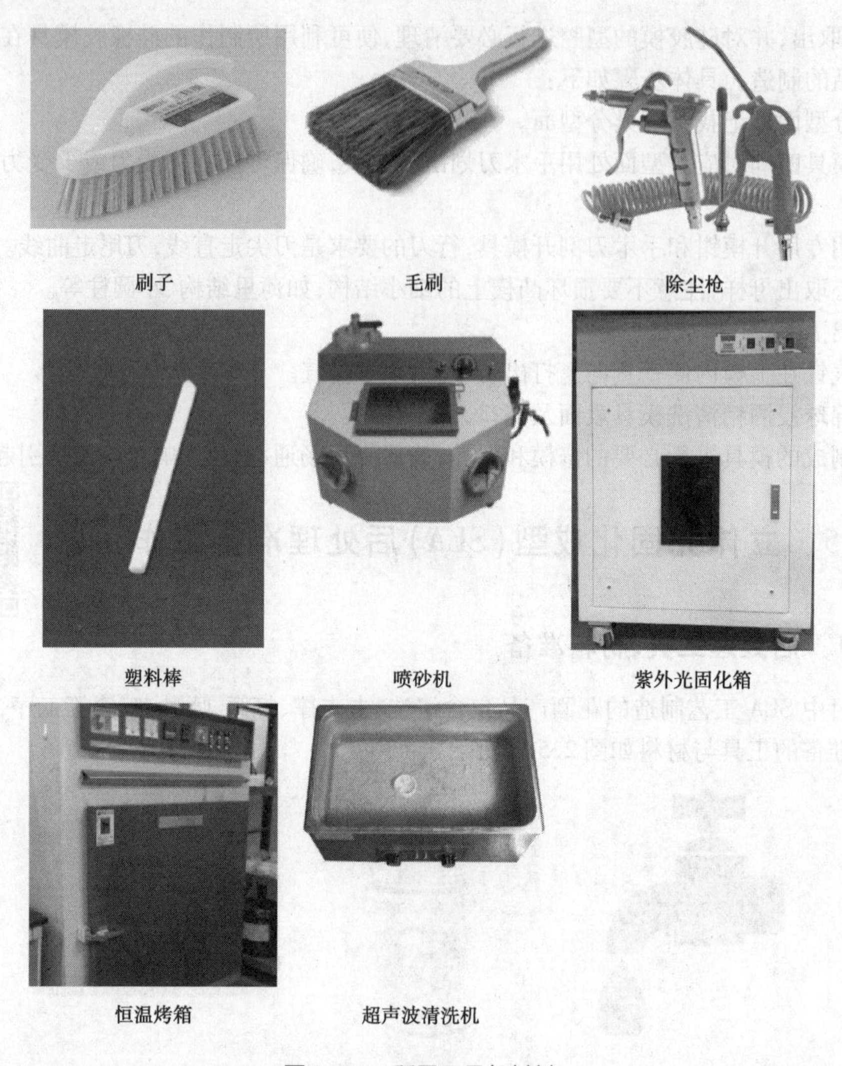

图 2.5.1　所需工具与材料

2.5.2　工作场合的准备工作

①良好的自然光照，便于观察色度。

②良好的通风、换气保障，除尘设备正常。

③干净的工作台。

④正常的工作灯源。

⑤工作准备齐全。

⑥个人保护设施得当。

2.5.3　手板零件准备工作

手板零件准备工作就是针对问题，指定手板后处理工艺。即要针对手板的缺陷进行先前期处理，比如补点状洼陷、面局部丢失等，才能进行下一步的打磨后处理工艺。

2.5.4　操作者准备工作

操作者在经常实际操作培训后，应熟悉手板后处理中主要工艺的工艺原理，所用工具的使用方法，掌握一般的后处理工艺。

①工作前认真检查来件外观表面是否有磕碰、麻点、凹坑，其缺陷深度是否通过打磨方法可以去除，发现问题及时记录，以便在编制打磨工艺时提醒加强点的处理力度。

②正确选择砂纸或砂条，正确选用机用百叶片的种类和抛光轮的目数。

③按零件处理量，准备好足够砂纸和其他后处理所需的工具、耗材。

④工作前应保证打磨设备处于良好状态，周围无障碍物，周围无易燃烧物，检查后再开机。

⑤检查电源线有无破损，试运行。

⑥在打磨过程中要轻拿、轻放，避免零件表面的划伤、磕碰、滑落。

⑦相关的检验、检查工具一一对应。

2.5.5　后处理操作规范

(1)后处理前

①在进行后处理前，根据SLA安全穿戴规范，戴好口罩，手套。

②在进行后处理前，根据需要进行的后处理工序，准备好相应的工具、材料，根据个人习惯在后处理工作台上摆放好，备用。

③在进行后处理前，核对需进行后处理的工件数量、状态。

④在进行后处理前，确认需进行后处理的产品的相关工艺文件及上面的工艺要求，做到心中有数，避免出现疏忽、造成返工等浪费。

(2)后处理时

①在进行后处理时，随时保持后处理工作台、所用到的各种设备及其周围的清洁卫生，工具随时归位。

②在进行后处理时，注意使用设备的安全警示，做到按章操作，不要违章操作，避免出现工伤事故，保证自身人身安全。

③在进行后处理时，严格遵循工艺文件的技术要求。每完成一道工序，及时进行检验，出现不合格的情况时，及时进行补救，避免浪费。

(3)后处理后

①在完成后处理后，交付产品前需要进行检验，保证产品符合工艺文件要求。

②在完成后处理后，整理工作台、所用设备、所用工具、剩余材料、处理进行后处理时产生的垃圾。进行各种整理需依照“6S”管理要求进行。

2.5.6　SLA材料辨别

(1)SLA技术打印材料

光固化成形树脂的组成及固化机理：

①基于光固化成型技术(SLA)的3D打印机耗材一般为液态光敏树脂，比如光敏环氧树

脂、光敏乙烯醚、光敏丙烯树脂等。光敏树脂是一类在紫外线照射下借助光敏剂的作用能发生聚合并交联固化的树脂，主要由齐聚物、光引发剂、稀释剂组成。

②齐聚物是光敏树脂的主体，是一种含有不饱和官能团的基料，它的末端有可以聚合的活性基团，一旦有了活性种，就可以继续聚合长大，一经聚合，分子量上升极快，很快就可成为固体。

③光引发剂是激发光敏树脂交联反应的特殊基团，当受到特定波长的光子作用时，会变成具有高度活性的自由基团，作用于基料的高分子聚合物，使其产生交联反应，由原来的线状聚合物变为网状聚合物，从而呈现为固态。光引发剂的性能决定了光敏树脂的固化程度和固化速度。

④稀释剂是一种功能性单体，结构中含有不饱和双键，如乙烯基、烯丙基等，可以调节齐聚物的黏度，但不容易挥发，且可以参加聚合。稀释剂一般分为单官能度、双官能度和多官能度。

⑤当光敏树脂中的光引发剂被光源（特定波长的紫外光或激光）。

⑥照射吸收能量时，会产生自由基或阳离子，自由基或阳离子使单体和活性齐聚物活化，从而发生交联反应而生成高分子固化物。

(2)常见 SLA 材料

1)类 ABS 材质

特点：白色材料，具有成型速度快、打印精度高等特点，打印制件具有出色的抗湿性能，耐化学性好，收缩率小，尺寸稳定性好，耐久，制件具有一定的吸附力，能满足常规的喷漆要求，同时具备优良的机械性能，如图 2.5.2 所示。

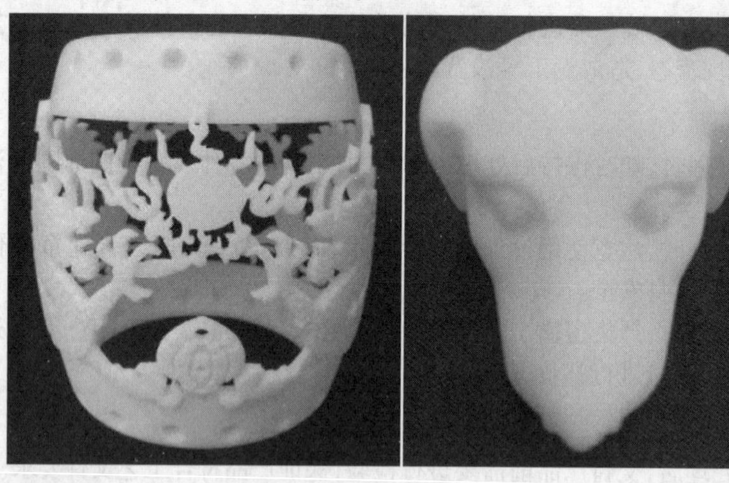

图 2.5.2　类 ABS 材质件

2)软胶材质

特点：成型后浅黄色，性能类聚氨酯(PU)材料；具有优良的柔性和韧性，无异味，黏度低，易清洗，耐折弯性强；适用于鞋子、产品保护件等柔性连接应用，如图 2.5.3 所示。

3)透明材质

特点：适应于各种透明解决方案，具有出色透明度和防水特性，其精细度，耐久性、外观和质感类似热性塑料。可生产光面精整的高透光部件，有助于缩短产品开发测试时间，是汽车、

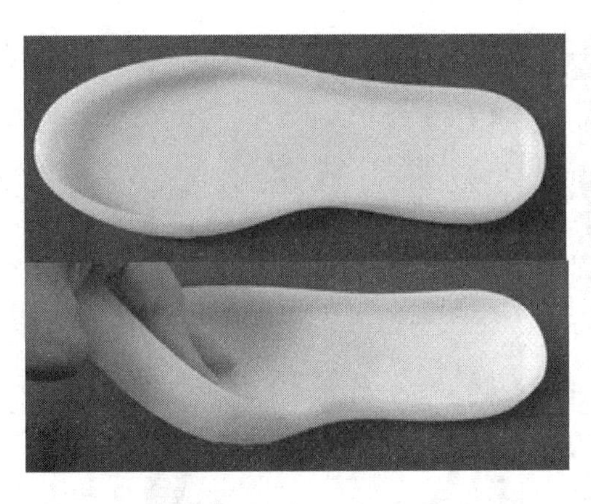
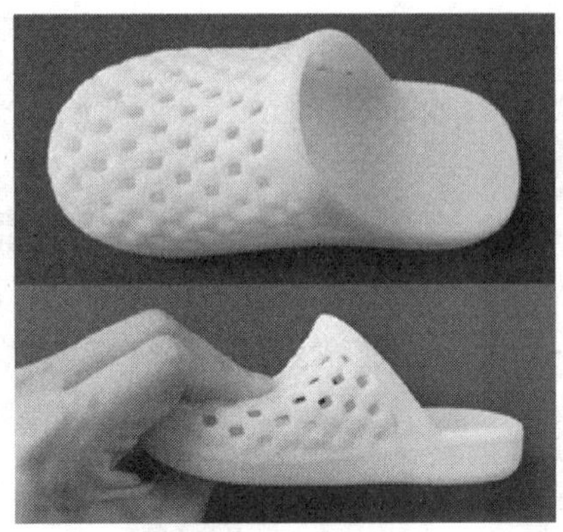

图2.5.3　软胶材质件

航空和电子的理想材料,可用于包装、RTV、翻模、耐用概念模型、风洞测试和熔模铸造原型,如图2.5.4所示。

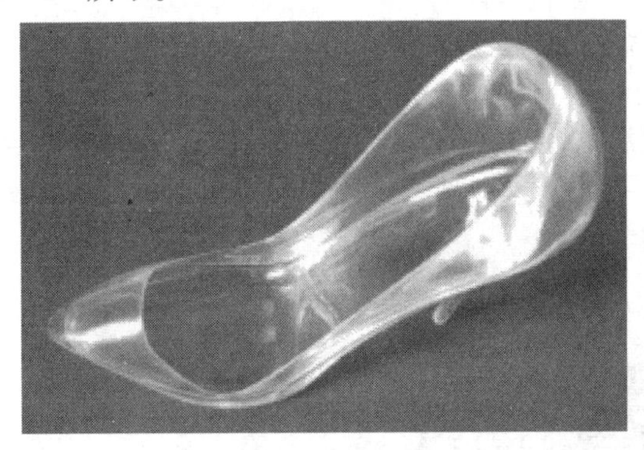
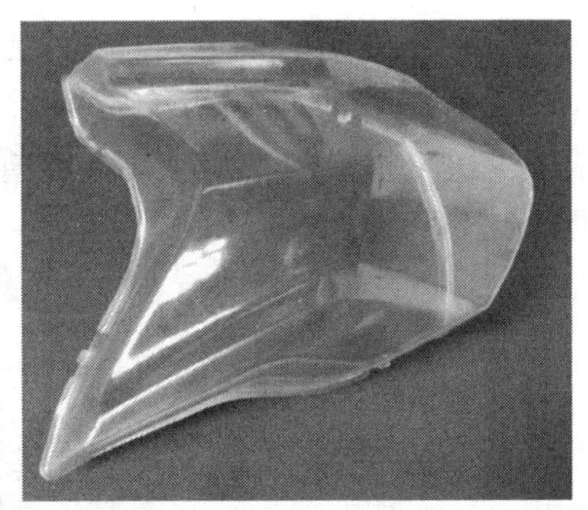

图2.5.4　透明材质件

4)铸造树脂

特点:精细度高,表面光滑,燃烧干净,基本无残留,可直接包埋铸造,硬度高,耐冲击;收缩率非常低,仅1.88%~2.45%,如图2.5.5所示。

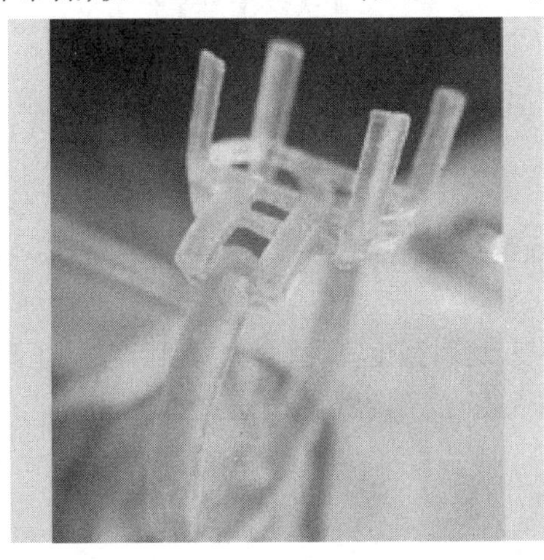
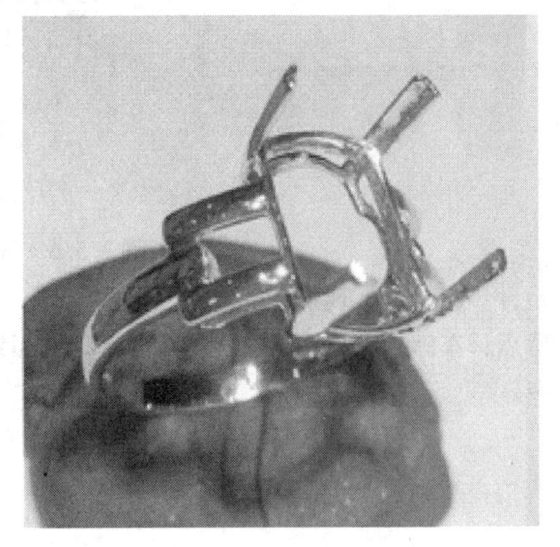

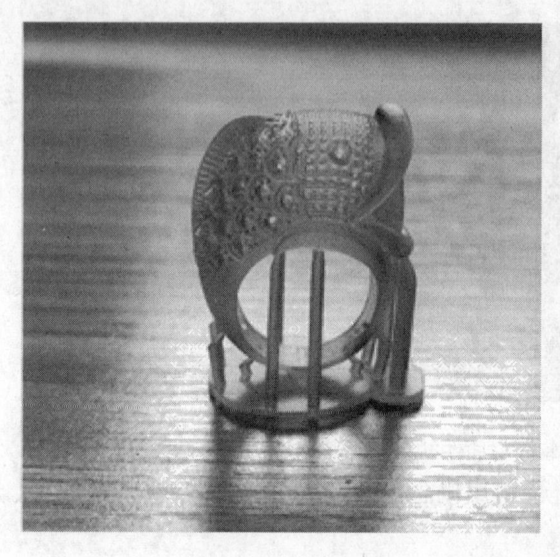

图 2.5.5　珠宝铸造

5）牙科 SG 树脂

特点：一级生物相容材料，可高温灭菌消毒，该材料适合制造牙科手术导板、钻孔导向装置，如图 2.5.6 所示。

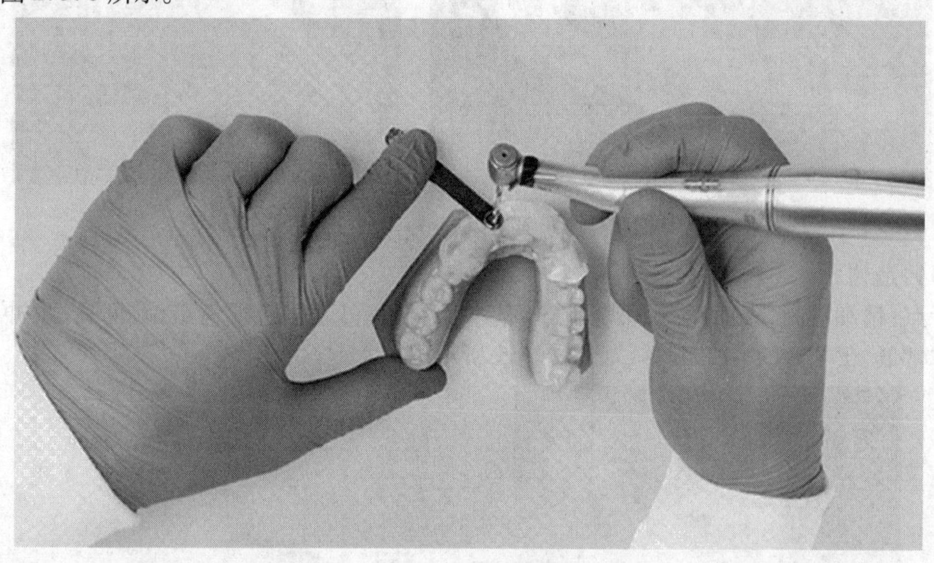

图 2.5.6　牙科手术导板

6）牙科透明 LT 树脂

特点：2A 级长期佩戴生物相容材料，高抗断裂，材料强度高，适合夹板、固定器、正畸矫治器制造。

2.5.7　后处理流程

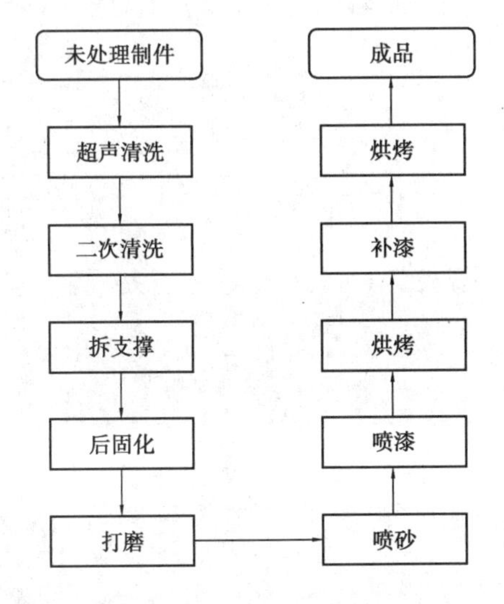

图 2.5.7　SLA 工艺后处理流程图

任务 2.6　任务实施——工件清洗与拆除支撑

步骤一:使用超声波清洗机清洗工件。

①在超声波清洗器中加入适量酒精,如图 2.6.1 所示。

图 2.6.1　超声波清洗机

②将工件放入超声波清洗机中,如图 2.6.2 所示。

③如图 2.6.3 所示,调整超声波清洗机的参数;启动清洗机,盖上清洗机的盖子,如图 2.6.4所示。

步骤二:用手或镊子、剪钳等拆除工件上的支撑。

图 2.6.2　工件放入清洗机中

图 2.6.3　调整参数

图 2.6.4　盖上盖子

从清洗机中取出工件,放入干净的酒精中浸泡一段时间,如图 2.6.5 所示。使用手、镊子等拆除工件上的支撑,如图 2.6.6 所示。

图2.6.5　浸泡工件

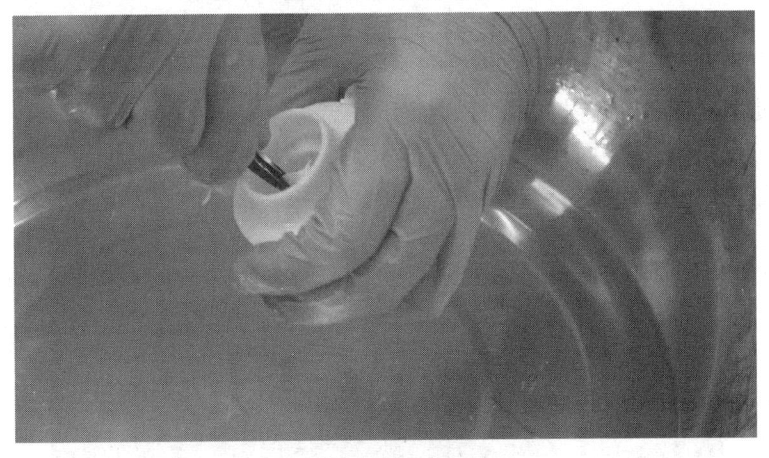

图2.6.6　拆除支撑

用毛刷等工具再次清洗工件，将工件上残余树脂完全清洗干净，如图2.6.7、图2.6.8所示。

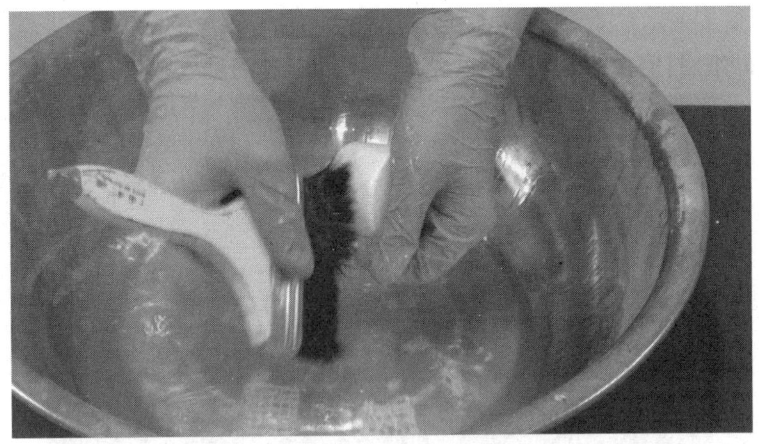

图2.6.7　使用毛刷清洗

图 2.6.8　清洗完成

任务 2.7　任务实施——工件打磨与固化

步骤一：使用砂纸、锉刀等打磨工件表面。

①使用锉刀打磨工件表面，如图 2.7.1 所示。

图 2.7.1　锉刀锉工件

②使用粗砂纸、打磨块打磨工件各个表面至无明显锉刀锉削痕迹，如图 2.7.2 所示。

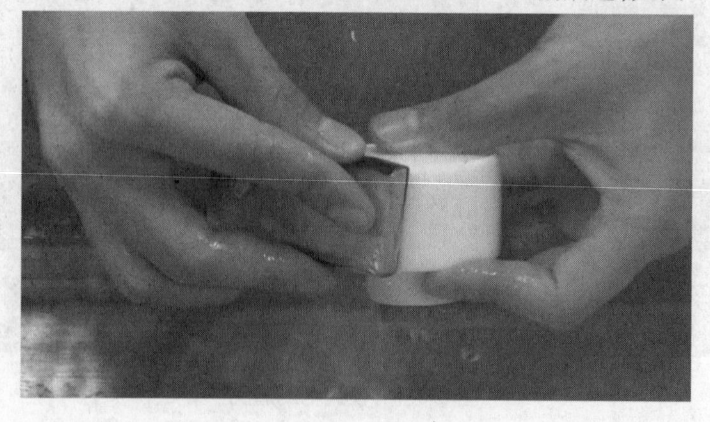

图 2.7.2　粗砂纸打磨工件

③使用细砂纸、打磨块打磨工件表面至无粗砂纸打磨痕迹,如图 2.7.3 所示。

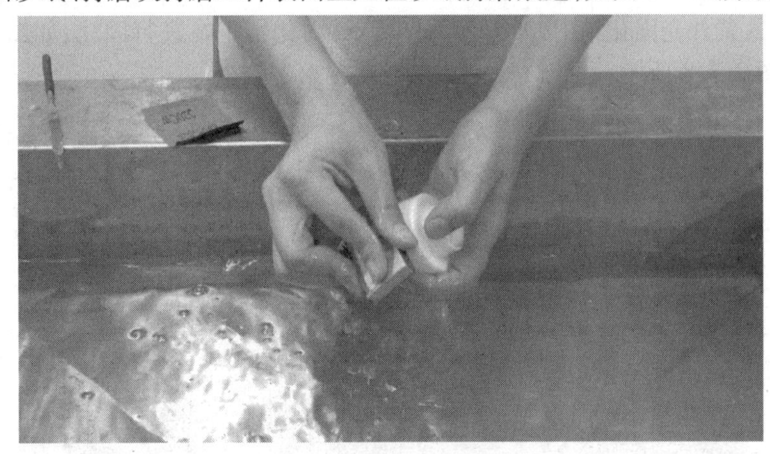

图 2.7.3　细砂纸打磨工件

步骤二:使用喷砂机对工件表面进行处理。

将工件放入喷砂机中,进行喷砂处理,如图 2.7.4、图 2.7.5 所示。

图 2.7.4　工件放入喷砂机

图 2.7.5　使用喷砂机进行喷砂处理

步骤三:使用紫外光固化箱进行固化。

将工件放入紫外光固化箱中,如图 2.7.6 所示;固化箱正在进行固化,如图 2.7.7 所示;固化完成,如图 2.7.8 所示。

图 2.7.6　放入固化箱

图 2.7.7　进行固化

图 2.7.8　固化完成

任务2.8　任务实施——工件喷漆

步骤一:将工件固定于塑料棒上。

使用热熔胶枪,将塑料棒固定在工件上,以便在喷漆时手持工件,需要准备的工具如图2.8.1所示;在胶棒一端涂抹热熔胶,如图2.8.2 所示;将胶棒粘在工件上,如图2.8.3 所示。

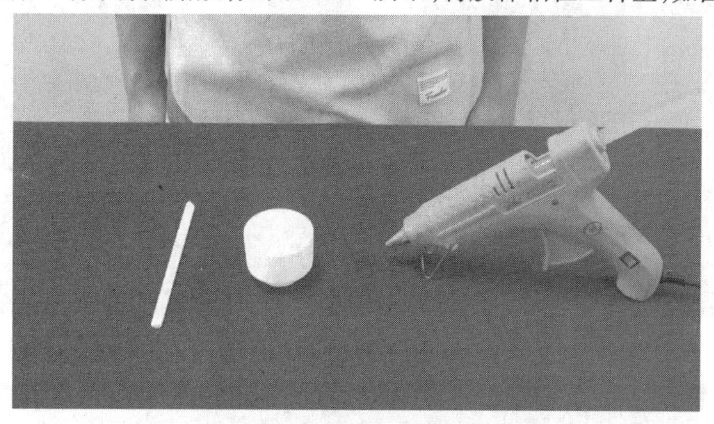

图2.8.1　胶棒与热熔胶枪

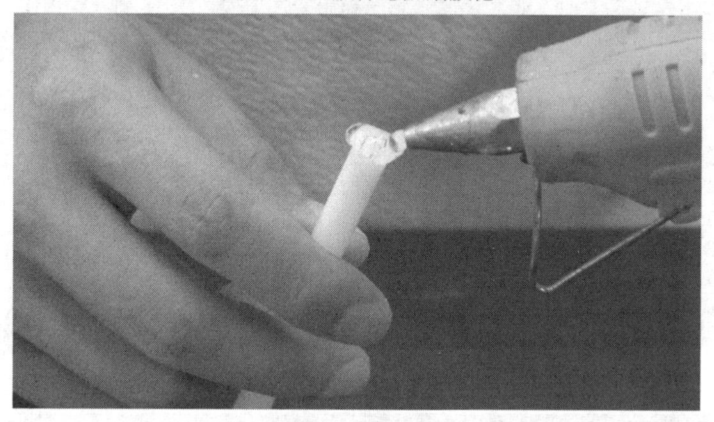

图2.8.2　涂热熔胶

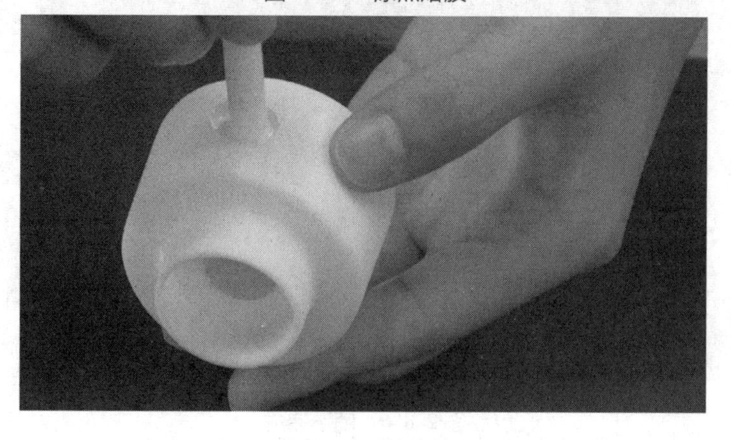

图2.8.3　粘胶棒

步骤二:工件第一次喷漆。

一手拿自喷漆,一手拿工件上的胶棒,如图 2.8.4 所示;自喷漆与工件相距 20 ~ 30 cm。向工件喷漆,如图 2.8.5 所示;直至工件上漆面均匀着色,如图 2.8.6 所示。

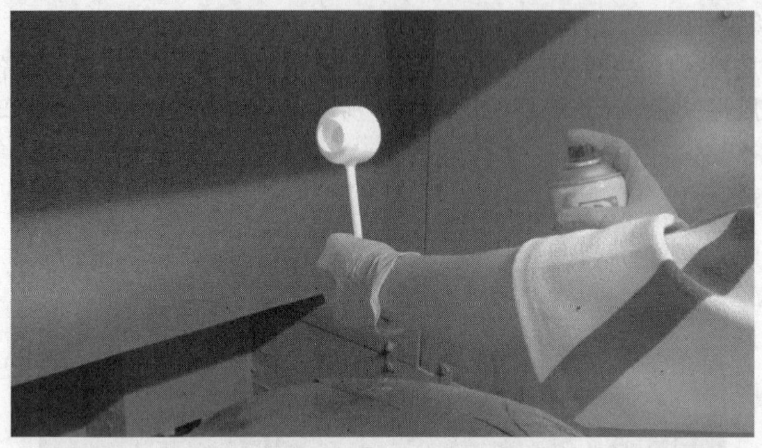

图 2.8.4　手持自喷漆与工件

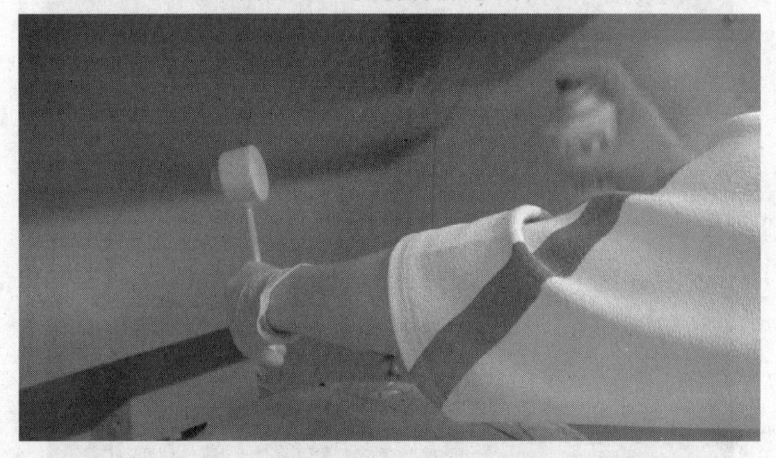

图 2.8.5　对工件进行喷漆

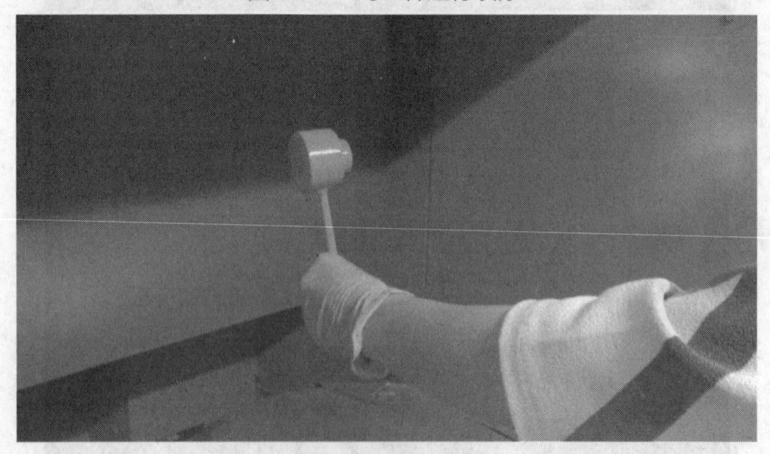

图 2.8.6　喷漆完成

步骤三:用恒温烤箱烘干漆面。

①工件在喷完第一次漆后,油漆未干,需要将工件放入恒温烤箱内烘烤,如图2.8.7所示。烘烤完成后才可以继续进行后续操作。

图2.8.7　放入恒温烤箱中

②调整烤箱控制面板参数,启动烤箱,如图2.8.8所示。

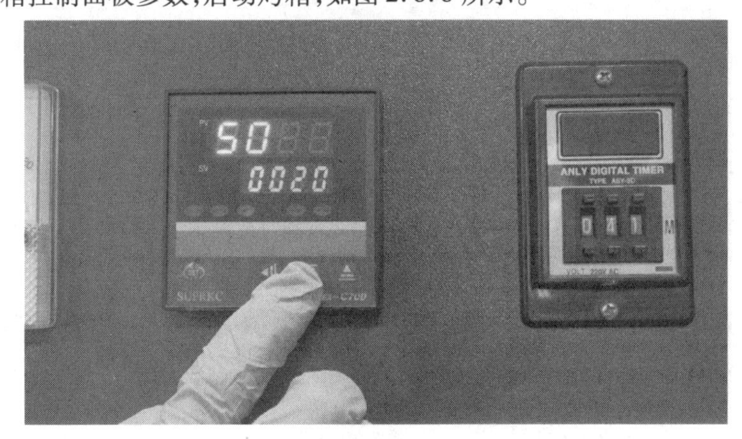

图2.8.8　调整烤箱参数

③烘烤至油漆干透后,从烤箱中取出,拆去胶棒,如图2.8.10所示。

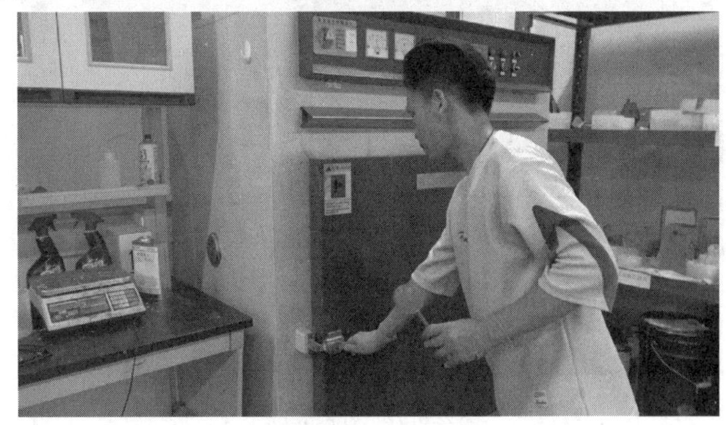

图2.8.9　取出工件

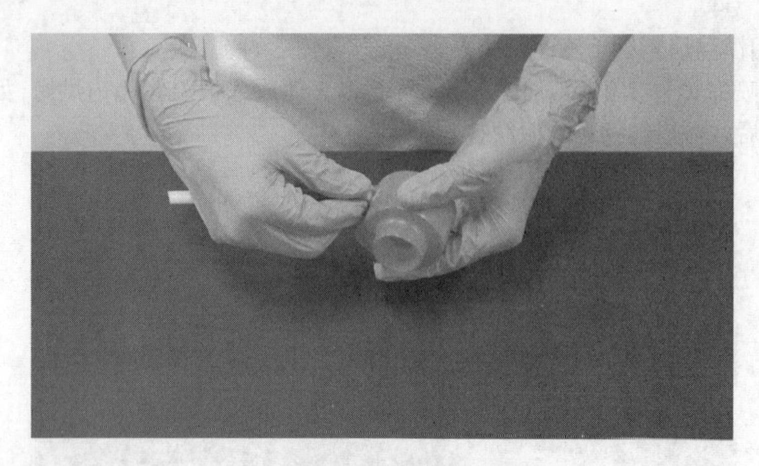

图 2.8.10　拆去胶棒

步骤四:第二次喷漆。

①拆除胶棒后,胶棒和热熔胶覆盖的位置会有油漆未覆盖到的痕迹,此时需使用自喷漆进行第二次喷漆,覆盖该处痕迹。使用自喷漆对胶棒覆盖的位置进行补漆,如图 2.8.11、图 2.8.12 所示。

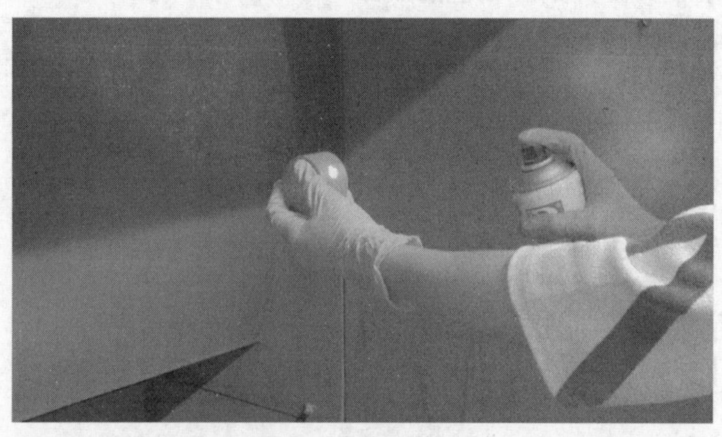

图 2.8.11　补漆

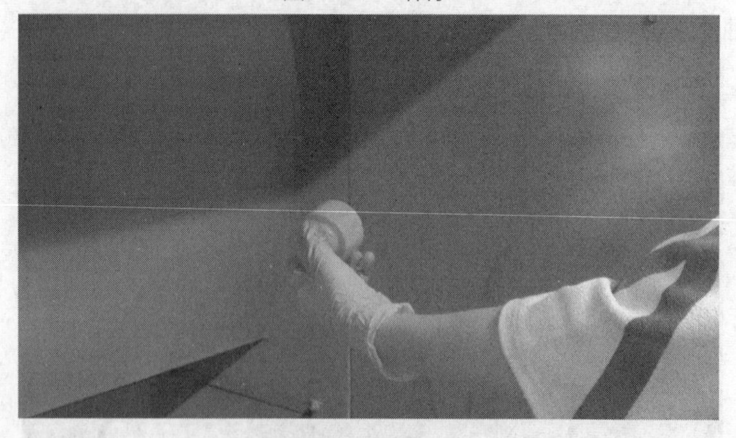

图 2.8.12　补漆完成

②第二次喷漆完成后,同样需将工件放入恒温烤箱中烘烤,油漆干透后,后端处理就完成

了。后端处理完成的工件如图 2.8.13 所示。

图 2.8.13　后端处理完成

扫描项目单卡

训练一项目计划表

工序	工序内容
1	将工件放入__________中,加入__________,调整参数进行清洗。
2	使用______________________________拆除工件上的支撑。
3	
4	

训练一自评表

评价项目	评价要点	符合程度		备注
处理操作	安全穿戴	□基本符合　□基本不符合		
	树脂清洗	□基本符合　□基本不符合		
	支撑拆除	□基本符合　□基本不符合		
学习目标	掌握安全穿戴的要点	□基本符合　□基本不符合		
	了解树脂清洗步骤	□基本符合　□基本不符合		
	了解支撑拆除步骤	□基本符合　□基本不符合		
课堂6S	整理(Seire)	□基本符合　□基本不符合		
	整顿(Seition)	□基本符合　□基本不符合		
	清扫(Seiso)	□基本符合　□基本不符合		
	清洁(Seiketsu)	□基本符合　□基本不符合		
	素养(Shitsuke)	□基本符合　□基本不符合		
	安全(Safety)	□基本符合　□基本不符合		
评价等级	A	B	C	D

训练二项目计划表

工序	工序内容
1	使用________、________、________、________进行工件的打磨。
2	使用__________、__________进行工件的喷砂处理。
3	
4	

训练二自评表

<table>
<tr><th>评价项目</th><th colspan="2">评价要点</th><th colspan="2">符合程度</th><th>备注</th></tr>
<tr><td rowspan="3">处理操作</td><td colspan="2">安全穿戴</td><td colspan="2">□基本符合　□基本不符合</td><td></td></tr>
<tr><td colspan="2">工件表面处理</td><td colspan="2">□基本符合　□基本不符合</td><td></td></tr>
<tr><td colspan="2">工件喷砂</td><td colspan="2">□基本符合　□基本不符合</td><td></td></tr>
<tr><td rowspan="3">学习目标</td><td colspan="2">使用合适工具完成操作</td><td colspan="2">□基本符合　□基本不符合</td><td></td></tr>
<tr><td colspan="2">掌握工件表面处理要点</td><td colspan="2">□基本符合　□基本不符合</td><td></td></tr>
<tr><td colspan="2">掌握工件喷砂处理要点</td><td colspan="2">□基本符合　□基本不符合</td><td></td></tr>
<tr><td rowspan="6">课堂6S</td><td colspan="2">整理(Seire)</td><td colspan="2">□基本符合　□基本不符合</td><td></td></tr>
<tr><td colspan="2">整顿(Seition)</td><td colspan="2">□基本符合　□基本不符合</td><td></td></tr>
<tr><td colspan="2">清扫(Seiso)</td><td colspan="2">□基本符合　□基本不符合</td><td></td></tr>
<tr><td colspan="2">清洁(Seiketsu)</td><td colspan="2">□基本符合　□基本不符合</td><td></td></tr>
<tr><td colspan="2">素养(Shitsuke)</td><td colspan="2">□基本符合　□基本不符合</td><td></td></tr>
<tr><td colspan="2">安全(Safety)</td><td colspan="2">□基本符合　□基本不符合</td><td></td></tr>
<tr><td>评价等级</td><td>A</td><td>B</td><td>C</td><td colspan="2">D</td></tr>
</table>

训练三项目计划表

工序	工序内容
1	使用________将________固定在工件一侧。
2	使用____对工件进行喷漆,要求________,完成后放入______。
3	将胶棒拆下,进行________、________。
4	

训练三自评表

评价项目	评价要点	符合程度	备注
处理操作	安全穿戴	□基本符合　□基本不符合	
	工件喷漆处理	□基本符合　□基本不符合	
	工件抛光处理	□基本符合　□基本不符合	
学习目标	安全穿戴要点	□基本符合　□基本不符合	
	掌握工件喷漆处理要点	□基本符合　□基本不符合	
	掌握工件抛光处理要点	□基本符合　□基本不符合	

续表

评价项目	评价要点	符合程度	备注
课堂6S	整理(Seire)	□基本符合　□基本不符合	
	整顿(Seition)	□基本符合　□基本不符合	
	清扫(Seiso)	□基本符合　□基本不符合	
	清洁(Seiketsu)	□基本符合　□基本不符合	
	素养(Shitsuke)	□基本符合　□基本不符合	
	安全(Safety)	□基本符合　□基本不符合	
评价等级	A	B	C	D

训练一小组互评表

序号	小组名称	计划制订(展示效果)			任务实施(作品分享)		评价等级			
		可行	基本可行	不可行	完成	没完成	A	B	C	D
1										
2										
3										
4										

训练二小组互评表

序号	小组名称	计划制订(展示效果)			任务实施(作品分享)		评价等级			
		可行	基本可行	不可行	完成	没完成	A	B	C	D
1										
2										
3										
4										

训练三小组互评表

序号	小组名称	计划制订(展示效果)			任务实施(作品分享)		评价等级			
		可行	基本可行	不可行	完成	没完成	A	B	C	D
1										
2										
3										
4										

训练一教师评价表

小组名称	计划制订（展示效果）			任务实施（作品分享）	
	可行	基本可行	不可行	完成	没完成
评价等级:A□ B□ C□ D□			教学老师签名:		

训练二教师评价表

小组名称	计划制订（展示效果）			任务实施（作品分享）	
	可行	基本可行	不可行	完成	没完成
评价等级:A□ B□ C□ D□			教学老师签名:		

训练三教师评价表

小组名称	计划制订（展示效果）			任务实施（作品分享）	
	可行	基本可行	不可行	完成	没完成
评价等级:A□ B□ C□ D□			教学老师签名:		

2.9.2 小结

本章节介绍花洒产品后处理整个工艺流程涉及的知识、技能,包括:产品清洗残余树脂、产品打磨、喷漆等。重点是打磨、喷漆,因产品存在喷漆工序,对表面质量要求较高。所以本项目学习需理论知识与实践结合,不断训练,不断提高操作技能并总结经验。

2.9.3 拓展训练

(1)填空题

①产品表面残余树脂一般先____________,再用____________。

②产品内部残余树脂一般需要____________、____________。

③根据产品材料不同,打磨方法一般有____________、____________、____________、____________。

④根据产品外观面处理方法不同,一般表面修补方法有:____________、____________、____________。

⑤产品表面进行喷漆处理时,可能出现的质量缺陷有:____________、____________、____________、____________、____________、____________、____________、____________等。

(2)简答题

①手工打磨主要用到的工具、材料有哪些?

②喷砂机主要使用哪几种磨料?

③喷漆工艺中,目前主要有哪几种油漆?

(3)实训

根据本项目内容,制定一个花洒产品的后处理工艺流程,并应用相关知识和技能进行后处理操作。

项目3

扳手产品后处理

任务3.1　项目内容

某五金工具公司需要对一款扳手进行改进设计,由于还处在测试阶段,需要进行产品性能测试。原打算用传统加工工艺制造出一个产品测试件,但传统工艺做出来的测试件所需要花费的成本比较高且加工难度大。

经过讨论综合各方面的因素,该公司决定用3D打印技术制造出样品测试件。公司3D打印技术部门使用SLS工艺制造出来的扳手模型,使用尼龙粉末材料制造。制造出来后还需进行后处理,只有经过后处理的产品,才可以达到工艺要求。

3.1.1　内容简介

根据工艺文件上的产品性能指标,对使用SLS工艺制造的扳手产品进行后处理。后处理主要工序为:清粉→清洗→喷砂→清洗→打磨→清洗。在完成后处理各个工序后,还需要对产品进行合格性检验,保证扳手产品的各项指标达到要求。

3.1.2　要求简介

对产品进行清洗、去支撑、固化、打磨、喷砂、喷漆处理。针对以上工序的具体要求如下:

①清粉:大块粉末全部打碎,细碎粉末尽量扫除干净。

②清洗:附着粉末尽量洗净。

③喷砂:喷砂均匀,未出现因操作不当而喷出凹坑的情况。

④清洗:磨料全部清洗干净。

⑤打磨:表面光滑,没有缺陷。

⑥清洗:打磨过程中产生的粉末全部洗净。

⑦吹净:表面干燥。

完成以上工序后进行检验,主要包含:

①尺寸：使用游标卡尺、千分尺等量具检验产品关键尺寸，尺寸必须在工艺文件规定范围内。

②外形：对比3D模型图档，不能有变形等缺陷。

③外表面：喷漆表面无喷漆缺陷，符合工艺文件要求；未喷漆表面需光滑，符合工艺文件相关要求。

3.1.3　需求分析

在本项目中，公司需要制造的产品为一个扳手产品，生产批量为单件生产，生产出来的产品主要用途是作为样品测试件，进行技术验证。在此条件下，无法使用传统的模具等工艺制造，而使用模具制造会使该测试、验证阶段的成本极高，故选用SLS工艺制造。

在快速制造技术中，直接使用相关工艺直接制造出来的产品往往是无法满足工艺文件要求的。为了达到工艺文件的要求，就需要进行产品的后处理。良好的后处理，在快速制造技术中非常重要，而该扳手产品，除了SLA工艺常规的清洗、拆支撑、打磨外，还需要进行喷漆处理，因此扳手产品后处理时，表面要求会比较高。

3.1.4　产品后处理前后对比

图3.1.1　产品后处理前

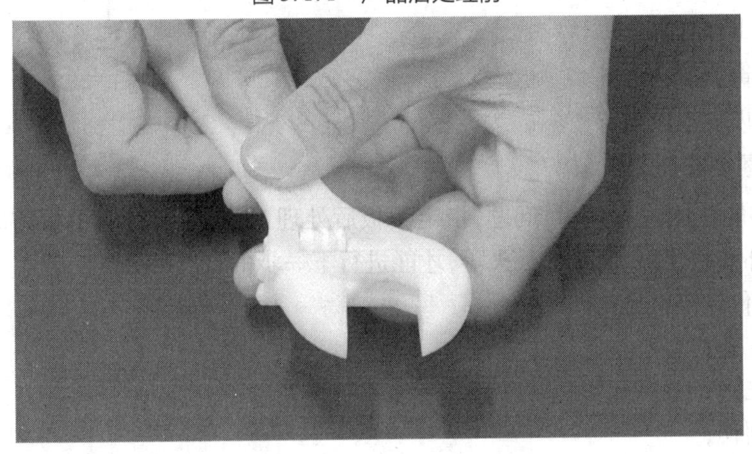

图3.1.2　产品完成后处理

3.1.5 任务目标

1)能力目标

①能够完成清粉操作；

②能够完成喷砂操作；

③能够完成打磨操作。

2)知识目标

①了解后处理的目的；

②了解 SLS 后处理工具；

③了解 SLS 后处理流程。

3)素质目标

①具有严谨求实精神；

②具有团队协同合作能力；

③能大胆发言,表达表达想法,进行演说；

④能小组分工合作,配合完成任务；

⑤具备 6S 职业素养。

任务 3.2 选择性激光烧结成型(SLS)后处理准备工作

(1)工具准备

在进行扳手模型的后处理前,将所需的工具、材料准备好,主要有挑针、刷子、气枪、水、砂纸、毛刷、喷砂机等,如图 3.2.1 所示。

(2)工作场合的准备工作

①良好的自然光照,便于观察色度。

②良好的通风、换气保障,除尘设备正常。

③干净的工作台。

④正常的工作灯源。

⑤工作准备齐全。

⑥个人保护设施得当。

(3)手板零件准备工作

手板零件准备工作就是针对问题,指定手板后处理工艺,即要针对手板的缺陷进行先前期处理,比如补点状洼陷、面局部丢失等,才能进行下一步的打磨后处理工艺。

1)手板零件缺陷常见的问题

①针孔、气孔；

②毛刺、飞边；

③磕碰、划伤；

④崩角、塌角；

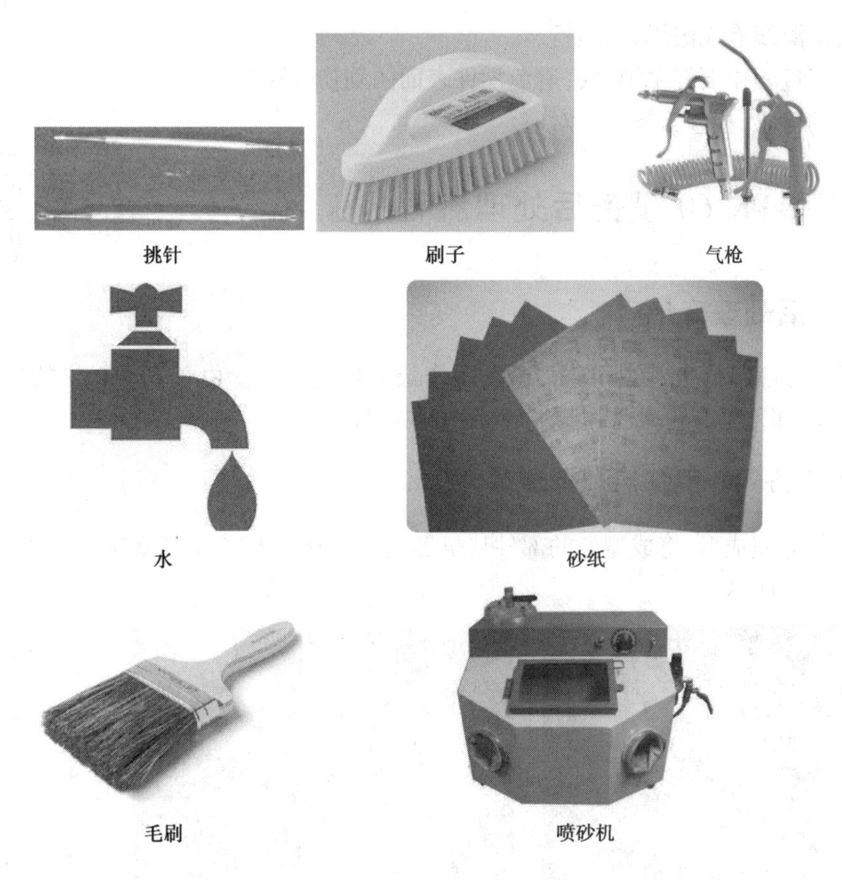

图3.2.1　准备的工具

⑤砂眼、裂纹；

⑥磨损、内陷、鼓包；

⑦制造错误、制造缺陷、连接缺陷。

2)手板零件易产生缺陷的部位

①尖角、锐边；

②沟槽、侧壁；

③底部、深腔；

④平面、分型。

(4)操作者准备工作

操作者在经常实际操作培训后，应熟悉手板后处理中主要工艺的工艺原理，所用工具的使用方法，掌握一般的后处理工艺。

①工作前认真检查来件外观表面是否有磕碰、麻点、凹坑，其缺陷深度是否通过打磨方法可以去除，发现问题及时记录，以便在编制打磨工艺时，加强点的处理力度。

②正确选择砂纸或砂条，正确选用机用百叶片的种类和抛光轮的目数。

③按零件处理量，准备好足够砂纸和其他后处理所需的工具、耗材。

④工作前应保证打磨设备处于良好状态，周围无障碍物，周围无易燃烧物，检查后再开机。

⑤检查电源线有无破损,试运行。

⑥在打磨过程中要轻拿、轻放,避免零件表面的划伤、磕碰、滑落。

⑦相关的检验、检查工具一一对应。

任务 3.3 sPro 60 设备后处理流程

3.3.1 后处理简介

SLS 零件的打印精度高、强度高,通常用作最终用途零件。由于基于粉末的熔融工艺的性质,SLS 打印部件具有粉末状的颗粒状,附着在部件表面。

3.3.2 sPro 60 设备后处理流程

在增材制造完成后,将成型好的部件从机器的成型仓取出来,再对部件进行后处理,具体流程如图 3.3.1 所示。

序号	名称	数量	情况
1	盒子主体	1	
2	盒子上盖	1	
3	环形弹簧	1	
4	压缩弹簧	1	
5	链条	1	
6	链甲	1	
7	螺丝	1	
8	螺母	1	
9	卡扣组	1	
10	齿轮	2	
11	齿轮盖	2	

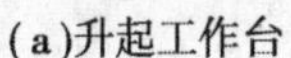

(a)升起工作台　(b)清粉　(c)清点

图 3.3.1 sPro 60 取件流程图

(1) sPro 60 取件

sPro 60 机器打印完成,从成型粉缸取出打印部件,具体操作步骤如下:

①打开设备舱门,推入加热模块,如图 3.3.2 所示。

图 3.3.2 sPro 60 打开舱门

②在成型基板上放置取件桶,将基板升起,如图 3.3.3 所示。

③用取件铲插入基板与取件桶中间,取出零件,如图 3.3.4 所示。

图3.3.3　sPro 60 升起基板

图3.3.4　sPro 60 取件

(2)清粉

①把粉末刷到成型缸里，将零件从粉堆中取出，如图3.3.5所示。

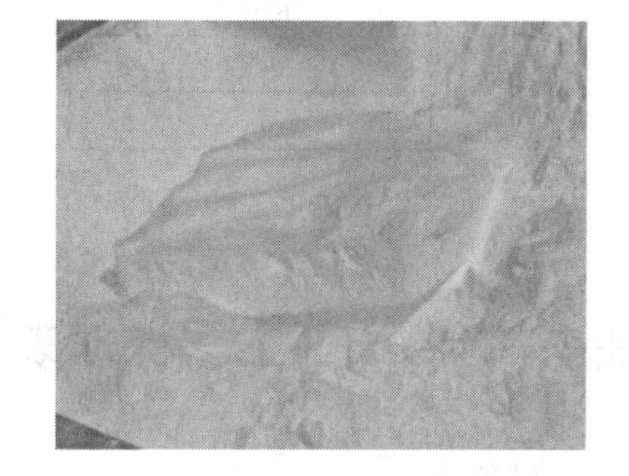

图3.3.5　刷粉

②用工具将零件上的粉清除，如图3.3.6所示。

图 3.3.6　零件除粉

(3)清点零件

准备好打印模型清单,清点零件如图 3.3.7 所示。

序号	名称	数量	情况
1	盒子主体	1	
2	盒子上盖	1	
3	环形弹簧	1	
4	压缩弹簧	1	
5	链条	1	
6	链甲	1	
7	螺丝	1	
8	螺母	1	
9	卡扣组	1	
10	齿轮	2	
11	齿轮盖	2	

图 3.3.7　清点零件

任务 3.4　SLS 工艺标准表面后处理

(1)简介

从成型室中取出部件,并用压缩空气从部件中除去所有粉末。然后还通过塑料珠喷砂清洁表面以除去粘附在表面上的任何未烧结的粉末。这种饰面本身就是粗糙的,类似于中等砂砾砂纸(略带颗粒状的缎面哑光饰面)。这也是绘画或涂漆的最佳表面处理。

喷砂处理就是利用高速砂流的冲击作用来清理和粗化基体表面的过程。其采用压缩空气为动力,以形成高速喷射束将喷料(铜矿砂、石英砂、金刚砂、铁砂、海南砂)高速喷射到需要处理的工件表面,使工件表面的外表面的外表或形状发生变化。由于磨料对工件表面的冲击和切削作用,工件的表面获得一定的清洁度和不同的粗糙度,使工件表面的机械性能得到改善,因此提高了工件的抗疲劳性,增加了它和涂层之间的附着力,提升了涂膜的耐久性,也有利于涂料的流平和装饰。

(2)操作介绍

①将零件放入喷砂机内;开启喷砂机,喷头对着零件喷射沙子,如图3.4.1所示。

图3.4.1　零件喷砂

②将工件取出并用水清洗,如图3.4.2所示。

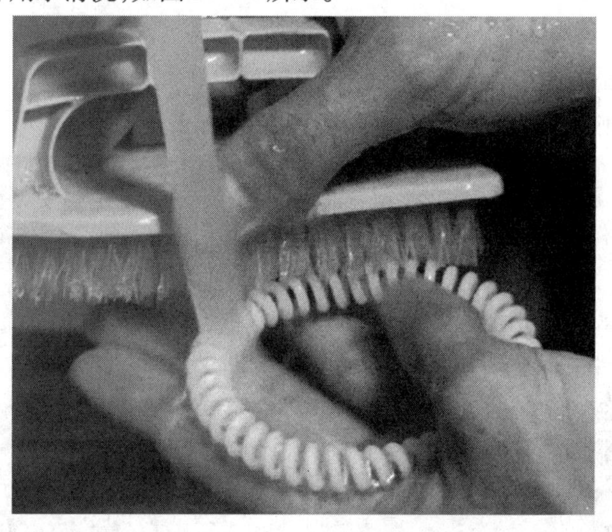

图3.4.2　用水洗零件

(3)优缺点

1)优点

①所有SLS零件均配有此标准表面处理(除非另有说明);

②由于整体几何形状不会改变,因此精度良;

③低成本。

2)缺点

①哑光,颗粒状表面处理;

②基于粉末颜色的有限颜色选项(通常为白色)。

任务3.5　SLS工艺特殊处理

3.5.1　振动抛光

振动抛光的原理是用电动机带动叶轮体旋转(直接带动或用V型皮带传动),靠离心力的作用,将直径约在0.2~3.0 cm的弹丸(有铸钢丸、钢丝切丸、不锈钢丸等不同类型)抛向工件的表面,使工件的表面达到一定的粗糙度,或者改变工件的焊接拉应力为压应力,提高工件的使用寿命。工件表面粗糙度的提高,也提高了工件后续喷漆的漆膜附着力。

为了获得更光滑的表面纹理,尼龙SLS部件可以在介质滚筒或振动机器中抛光,如图3.5.1所示。包含小陶瓷芯片的滚筒随着物体的振动而逐渐侵蚀外表面,直至抛光处理。因此,该过程对零件尺寸的影响很小,并导致锐边变圆。不建议具有精细细节和复杂功能的部件翻滚。

(1)优点

①表面光滑;

②可以一次完成多个部件;

③去除锋利的边缘。

(2)缺点

①不适合精致的工件表面处理;

②去除可能会对零件几何形状产生负面影响的锋利边缘。

图3.5.1　振动抛光

3.5.2　浸染

浸染亦称竭染,为染料应用术语。它是将被染物浸渍于含染料及所需助剂的染浴中,通过染浴循环或被染物运动,使染料逐渐上染被染物的方法,如图3.5.2所示。

SLS部件的孔隙率使其成为染色的理想选择。该部件浸入热色浴中,使用色浴可确保完

图3.5.2　浸染

全覆盖所有内部和外部表面。通常,染料仅穿透部件至约0.5 mm的深度,这意味着表面的持续磨损将暴露出原始的粉末颜色。

(1)优点

①提供多种颜色;

②不影响零件尺寸;

③可以一次染色多个部件;

④与其他着色方法相比具有成本效益;

⑤适用于复杂的几何形状。

(2)缺点

①染料渗透深度仅为0.5 mm;

②不会产生光泽。

图3.5.3　SLS部件的一系列染料着色

3.5.3　喷漆或上漆

喷漆是指用喷枪将用硝酸纤维素、树脂、颜料、溶剂等制成的人造漆,均匀地喷在物体表面,如图3.5.4所示。

图 3.5.4　喷漆

SLS 零件可以喷涂。SLS 部件也可以涂上漆(清漆或透明涂层)。通过涂漆,可以获得各种表面处理,例如高光泽度或金属光泽。漆面涂层可以改善零件表面的耐磨性、表面硬度、水密性和极限痕迹以及污迹,如图 3.5.5 所示。

由于 SLS 的多孔性质,建议使用 4 ~5 层非常薄的涂层来实现最终涂层而不是只用 1 层厚涂层。这可减少干燥时间并降低油漆或漆运行的可能性。

(1)优点

①可以改善机械性能;

②产生光滑的有色或清晰表面;

③改善紫外线防护。

(2)缺点

①如果涂有大量零件,则会耗费人力;

②影响整体零件尺寸;

③需要良好的表面处理(去除所有松散的粉末)。

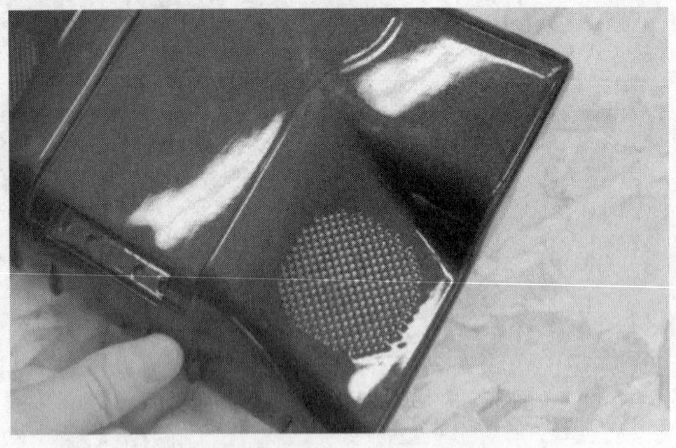

图 3.5.5　SLS 部件上有光泽的喷漆面漆

3.5.4　浸涂

正确烧结的SLS部件将具有一些固有的防水性。可以应用涂层以进一步增强这一点，有机硅和乙烯基丙烯酸酯已被证明可以提供最好的结果。聚氨酯（PU）不建议用于防水SLS部件。如果需要完全防水，建议采用浸涂方法。

(1)优点

①进一步改善部件的防水性；

②涂层可以提高机械强度。

(2)缺点

涂层通常较厚，影响整体零件精度。

任务3.6　SLS喷砂处理

SLS喷砂处理是利用高速砂流的冲击作用清理和粗化基体表面的过程。它采用压缩空气为动力，以形成高速喷射束将喷料（铜矿砂、石英砂、金刚砂、铁砂、海南砂）高速喷射到需要处理的工件表面，使工件外表面或形状发生变化，获得一定的清洁度和不同的粗糙度，使工件表面的机械性能得到改善，因此提高了工件的抗疲劳性，增加了涂层之间的附着力，延长了涂膜的耐久性，也有利于涂料的流平和装饰。

3.6.1　喷砂工艺应用范围

①工件涂镀、工件粘接前处理喷砂能把工件表面的锈皮等一切污物清除，并在工件表面建立起十分重要的基础图式（即通常所谓的毛面），而且可以通过调换不同粒度的磨料，大大提高工件与涂料、镀料的结合力，或使粘接件粘接更牢固，质量更好。

②铸造件毛面、热处理后工件的清理与抛光喷砂能清理铸锻件、热处理后工件表面的一切污物（如氧化皮、油污等残留物），并将工件表面抛光、提高工件的光洁度，能使工件露出均匀一致的金属本色，使工件外表更美观。

③机加工件毛刺清理与表面美化喷砂能清理工件表面的微小毛刺，并使工件表面更加平整，消除了毛刺的危害，提高了工件的档次。喷砂能在工件表面交界处打出很小的圆角，使工件显得更加美观、更加精密。

④机械零件经喷砂后，能在零件表面产生均匀细微的凹凸面，使润滑油得到存储，从而使润滑条件改善，并减少噪声、提高机械使用寿命。

⑤光饰作用。对于某些特殊用途工件，喷砂可随意实现不同的反光或亚光。如不锈钢工件、塑胶的打磨，玉器的磨光，木制家具表面亚光化，磨砂玻璃表面的花纹图案，以及布料表面的毛化加工等。

3.6.2 喷砂机分类

(1)吸入式干喷砂机

1)一般组成

一个完整的吸入式干喷砂机一般由6个系统组成,即结构系统、介质动力系统、管路系统、除尘系统、控制系统和辅助系统。

2)工作原理

吸入式干喷砂机是以压缩空气为动力,通过气流的高速运动在喷枪内形成的负压,将磨料通过输砂管吸入喷枪并经喷嘴射出,喷射到被加工表面,达到预期的加工目的。在吸入式干喷砂机中,压缩空气既是供料动力,又是加速动力。

(2)压入式干喷砂机

1)一般组成

一个完整的压入式干喷砂机工作单元一般由4个系统组成,即压力罐、介质动力系统、管路系统、控制系统。

2)工作原理

压入式干喷砂机是以压缩空气为动力,通过压缩空气在压力罐内建立的工作压力,将磨料通过出砂阀压入输砂管并经喷嘴射出,喷射到被加工表面达到预期的加工目的。在压入式干喷砂机中,压缩空气既是供料动力,又是加速动力。

(3)液体喷砂机

相对于干式喷砂机来说,液体喷砂机最大的特点就是很好地控制了喷砂加工过程中粉尘污染,改善了喷砂操作的工作环境。

1)一般组成

一个完整的液体喷砂机一般由5个系统组成,即结构系统、介质动力系统、管路系统、控制系统和辅助系统。

2)工作原理

液体喷砂机是以磨液泵作为磨液的供料动力,通过磨液泵将搅拌均匀的磨液(磨料和水的混合液)输送到喷枪内。压缩空气作为磨液的加速动力,通过输气管进入喷枪。在喷枪内,压缩空气对进入喷枪的磨液加速,并经喷嘴射出,喷射到被加工表面达到预期的加工目的。在液体喷砂机中,磨液泵为供料动力,压缩空气为加速动力。

3.6.3 有关磨料的基本知识

(1)磨料的粒度

磨料的粒度指的是磨料的颗粒尺寸。磨料可按其颗粒尺寸的大小分为磨粒、磨粉、微粉和超微粉四组。其中,磨粒和磨粉这两组磨料的粒度号数用每一英寸筛网长度上的网眼数目表示,其标志是在粒度号数的数字右上角加"#"符号。比如240#,是指每一英寸筛网长度上有240个孔,粒度号的数值越大,表明磨粒越细小。而微粉和超微粉这两组磨料的粒度号数是以颗粒的实际尺寸来表示的,其标志是在颗粒尺寸数字的前面加一个字母"W"。有时也可将其折合成筛孔号。例如W20,是表示磨料颗粒的实际尺寸为20~14 μm,筛孔号为500#。

磨料的粒度分为粗、中、细。中粒是研磨粉中的基本粒度，是决定磨料研磨能力的主要因素，在粒度组成中占有较大的比例。实践证明：经过离心分选后的研磨粉，其研磨能力将比分选前提高20%。细粒在研磨中起很小的磨削作用。粒度除对研磨工件的质量不利外，还会降低研磨效率，应在粒度组成中尽量减少它们的数量。因此，从研磨的效率和工作的质量来说，都要求磨料的颗粒均匀。粒度在12#～80#的磨粒组，颗粒尺寸较大，不适用作研磨加工的磨料。

(2)磨料的硬度

磨料的硬度指的是磨料表面抵抗局部外作用的能力，而磨具（如油石）的硬度则是黏结剂黏结磨料在受外力时的牢固程度，它是磨料的基本特性之一。研磨的加工就是利用磨料与被研工件的硬度差来实现的。磨料的硬度越高，它的切削能力越强。

(3)磨料的强度

磨料的强度指的是磨料本身的牢固程度，也就是当磨粒锋刃还相当尖锐时，磨料能承受外加压力而不被破碎的能力。强度差的磨料，切削能力低，使用寿命短。这就要求磨粒除了具有较高的硬度外，还应具有足够的强度，才能更好地进行研磨加工。

3.6.4　喷砂材料

喷砂工艺使用的材料通常称为磨料，有石英砂、刚玉砂、陶瓷砂、碳化硅、玻璃珠、塑料砂、钢丸、钢砂等。可供选取的种类和型号众多，比如刚玉砂又包括黑刚玉、白刚玉、棕刚玉，型号有10#、20#、30#、40#、50#、60#、80#、100#、120#、180#等，用户可根据自己的技术需求采用不同大小的磨料，达到不同的表面粗糙度。

(1)石英砂

石英砂的磨削能力较强，硬度大，除锈效果好。

图3.6.1　石英砂

(2)刚玉砂

刚玉砂可将任何工件的粗糙表面打磨精细,是最经济实惠的磨料之一。这种尖锐、有棱角的人工合成磨料具有仅次于金刚石的硬度,尤其适合在对铁质污染有严格要求时使用。

图3.6.2　刚玉砂

(3)陶瓷砂

陶瓷砂采用独特工艺配方、特殊生产工艺和预处理,经2 000 ℃以上高温定相方法制成,特别适用于金属零部件生产和维护过程的喷丸强化,以及轻合金零部件的喷丸成型。陶瓷丸具有非常好的抗冲击强度和韧性,具有特别高的硬度和表面光滑性,可以反复回收使用,利用率高,是玻璃珠硬度的15~20倍。陶瓷砂粒度范围广,可选性强,同时能与各种型号的喷砂机匹配使用。

图3.6.3　陶瓷砂

(4)碳化硅

碳化硅具有耐磨、硬度高、耐高温、膨胀系数小、抗氧化等优点。碳化硅作为磨料主要应用在抛光、研磨、切割、喷砂等工艺过程中,具有磨削效率高、抛光效果明显、切割速度快等优点,可以对金属、宝石、多晶硅、玻璃、陶瓷等多种材质的材料进行处理、加工。

图3.6.4　碳化硅

(5)玻璃珠

玻璃珠化学成分为惰性二氧化硅,无化学活性干扰,一般为圆形弹性微粒,耐冲击,可循环多次使用,损耗少;对喷嘴磨耗小,延长喷嘴使用寿命,不会损伤加工面及精密尺寸。处理后,工件表面光滑,具特殊美感,可提高产品价值。它适合干、湿式喷砂作业,金属微细裂痕用细玻璃珠在湿式喷砂后容易显示出来。

图3.6.5　玻璃珠

(6)钢丸

钢丸是一种常用的金属工件处理材料。钢丸组织严密、粒度均匀。用钢丸处理金属工件的表面可以起到增加金属工件表面压力的作用,可以很好地提高工件抗疲劳能力的作用。使用钢丸处理金属工件表面,具有清理速度快的特点。钢丸和钢砂有适当的硬度,具有很好的反弹性,内部隅角和形状复杂的工件都可以均匀迅速地清理,缩短表面处理的时间,提高工作效率,是一种很好的表面处理材料。

图3.6.6 钢丸

(7)钢砂

钢砂特点:硬度适中、韧性强、抗冲击,可连续几次反复使用,寿命长,反弹性好,附着力强,清理速度快耗砂低,不破碎,清理工件亮度大,技术效果好。

图3.6.7 钢砂

3.6.5　机器操作与维护

①喷砂机砂量少,甚至不出砂:储砂罐的砂材耗光了,关掉压缩空气,再慢慢加入相应的砂材即可。

②喷砂管被堵塞:关掉气后,喷嘴先取下来,然后再打开砂机,使用空压机的高压气体将异物吹出,如果还是没有效果,就要将管子拆下来清理或更换。

③砂磨料潮湿成块不出砂:把喷嘴清理干净,喷砂磨料倒出来,晒干后用网过滤即可。与喷砂机配套的空压机压缩空气时产生的大量水分,这个不但会造成砂材潮湿,还会造成砂潮湿而黏附砂材,堵塞砂管,所以应该避免此类事情发生,最好配备压缩空气干燥设施,如油水分离器、干燥器等。

④喷砂砂料没有滤网造成较大异物或不均匀砂粒进入砂阀:要先将推力装置关闭,调砂阀全部打开,压力罐冲后打开喷砂机,用高压空气将异物或结块砂材排除。如果还是不行,需将调砂器卸除,将砂材放出,然后再把调砂设备装回,将放出砂材过滤后,方可再次使用。

⑤加砂一次性太多,加砂超负荷也会造成堵塞而不能加压吸砂,所以加砂的时候,一定要注意量要合适,并且慢慢加入。

3.6.6　喷砂操作规程

①工作前必须穿戴好防护用品,不准赤裸膀臂工作。工作时不得少于两人。

②储气罐、压力表、安全阀要定期校验。储气罐每两周排放一次灰尘,沙罐里的过滤器每月检查一次。

③检查通风管及喷砂机门是否密封。工作前五分钟,须开动通风除尘设备。通风除尘设备失效时,禁止喷砂机工作。

④压缩空气阀要缓慢打开,气压不准超过0.8 MPa。

⑤喷砂粒度应与工作要求相适应,砂子应保持干燥。

⑥喷砂机工作时,禁止无关人员靠近。清扫和调整运转部位时,应停机进行。

⑦不准用压缩空气吹身上灰尘或开玩笑。

⑧工作完后,通风除尘设备应继续运转5分钟再关闭,以排出室内灰尘,保持场地清洁。

⑨发生人身、设备事故,应迅速救治伤员,保护现场,并报告有关部门。

任务3.7　SLS染色处理工艺

3.7.1　染料

染料是指能使其他物质获得鲜明而牢固色泽的一类有机化合物。由于现在使用的颜料都是人工合成的,所以也称为合成染料。染料和颜料一般都是自身有颜色并能以分子状态或分散状态使其他物质获得鲜明和牢固色泽的化合物。

按染料性质及应用方法,可将染料进行下列分类:

(1)按状态分

水性色浆;油性色浆;水性色精;油性色精。

图 3.7.1　染料

(2) 按用途分

陶瓷颜料；涂料颜料；纺织颜料；塑料颜料。

(3) 按来源分

植物染料；动物染料；合成染料（又称人造染料）。

(4) 按染料性质及应用方法分

直接染料；不溶性偶氮染料；活性染料；还原染料；可溶性还原染料；硫化染料；硫化还原染；料酞菁染料；氧化染料；缩聚染料；分散染料；酸性染料；酸性媒介及酸性含媒染料；碱性及阳离子染料。

(5) 直接染料

这类染料因不需依赖其他药剂而可以直接染着于棉、麻、丝、毛等各种纤维上而得名。它的染色方法简单、色谱齐全、成本低廉，但其耐洗和耐晒牢度较差，如采用适当后处理的方法，能够提高染色成品的牢度。

图 3.7.2　直接铜盐蓝 2r

(6)活性染料

这类染料又称反应性染料,是20世纪50年代才发展起来的新型染料。它的分子结构中含有一个或一个以上的活性基团,在适当条件下,能够与纤维发生化学反应,形成共价键结合。它可以用于棉、麻、丝、毛、粘纤、锦纶、维纶等多种纺织品的染色。

图3.7.3　活性染料

(7)硫化染料

这类染料大部分不溶于水和有机溶剂,但能溶解在硫化碱溶液中,溶解后可以直接染着纤维。但也因染液碱性太强,不适宜于染蛋白质纤维。这类染料色谱较齐,价格低廉,色牢度较好,但色光不鲜艳。

图3.7.4　硫化墨绿染料

(8)分散染料

这类染料在水中溶解度很低,颗粒很细,在染液中呈分散体,属于非离子型染料,主要用于涤纶的染色,其染色牢度较高。

(9)酸性染料

这类染料具有水溶性,大都含有磺酸基、羧基等水溶性基因,可在酸性、弱酸性或中性介

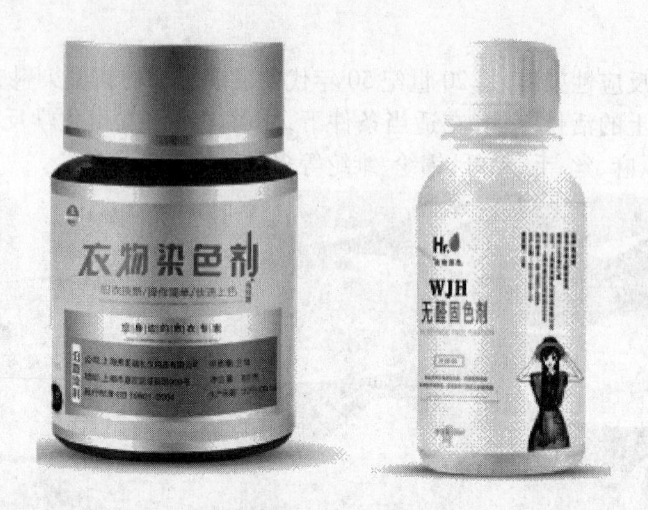

图 3.7.5　分散染料

质中直接上染蛋白质纤维,但湿处理牢度较差。

(10)涂料

涂料适合于所有纤维,通过树脂机械的附着纤维,深色织物会变硬,但套色很准确,大部分耐光牢度好,水洗牢度良好,尤其是中、浅色。

3.7.2　分散染料

分散染料分子较小,结构上不含水溶性基团,借助于分散剂的作用在染液中均匀分散而进行染色。它能上染聚酯纤维、醋酯纤维及聚酰胺纤维,成为涤纶的专用染料。

分散染料大致可分为分散橙、分散蓝、分散黄、分散红,可以几种不同分散染料进行按一定的比例进行搭配,得到分散黑、分散绿、分散紫等分散染料。

分散染料在商品加工化过程中,为了使商品染料能在水中迅速分散成为均匀稳定的胶体状悬浮液,染料颗粒细度必须达到 1 μm 左右,在砂磨过程中加入分散剂和湿润剂。分散染料的后处理加工一般由砂磨、调料、喷雾干燥、包装组成。后处理加工过程中要用到很多助剂,比如木质素、MF、防沉剂(SOS)、防尘剂、分散剂 NNO,还要加元明粉调强度。

分散染料不含强水溶性基团,是在染色过程中呈分散状态进行染色的一类非离子染料。其颗粒细度要求在 1 μm 左右。在制得原染料后,需经后处理加工,包括晶型稳定、与分散剂一起研磨等才能制得商品染料,主要用于涤纶及其混纺织物的印染,也可用于醋酸纤维、锦纶、丙纶、氯纶、腈纶等合成纤维的印染。

(1)分类

分散染料按应用时的耐热性能不同,可分为低温型染料、中温型染料和高温型染料。

①低温型染料:耐升华牢度低,匀染性能好,适于竭染法染色,常称为 E 型染料。

②高温型染料:耐升华牢度较高,但匀染性差,适用于热熔染色,称为 S 型染料。

③中温型染料:耐升华牢度介于上述两者之间,又称为 SE 型染料。

用分散染料对涤纶进行染色时,需按不同染色方法对染料进行选择。

(2)主要应用

分散染料的主要用途是对化学纤维中的聚酯纤维(涤纶)醋酸纤维(二醋纤、三醋纤)以及聚酰胺纤维(锦纶)进行染色,对聚丙烯腈(腈纶)也有少量应用。经分散染料印染加工的化纤纺织产品,色泽艳丽,耐洗牢度优良,用途广泛。由于它不溶于水,对天然纤维中的棉、麻、毛、丝均无染色能力,对粘胶纤维也几乎不沾色,因此化纤混纺产品通常需要用分散染料和其他适用的染料配合使用。

3.7.3　浸染工艺流程

下面以化纤常用的分散染料的使用为例,介绍 SLS 工艺制造的产品如何进行浸染染色。本部分内容涉及的分散染料分为染色剂和固色剂两部分,首先使用染色剂染色,然后使用固色剂固化颜色。

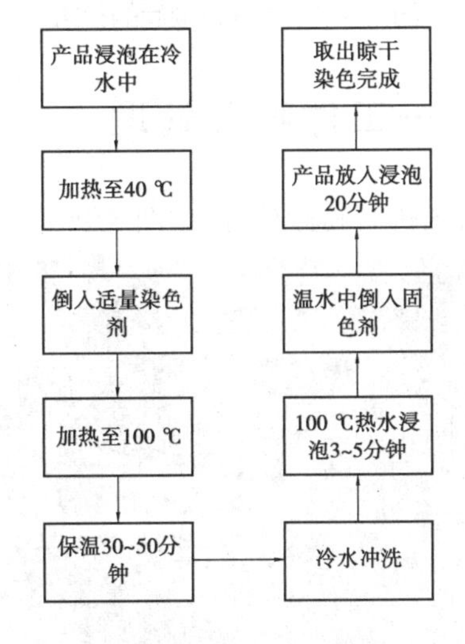

图3.7.6　浸染工艺流程

任务3.8　任务实施——工件清粉处理

步骤一:用刷子将工件上结块的粉末打散并去除,如图3.8.1所示。

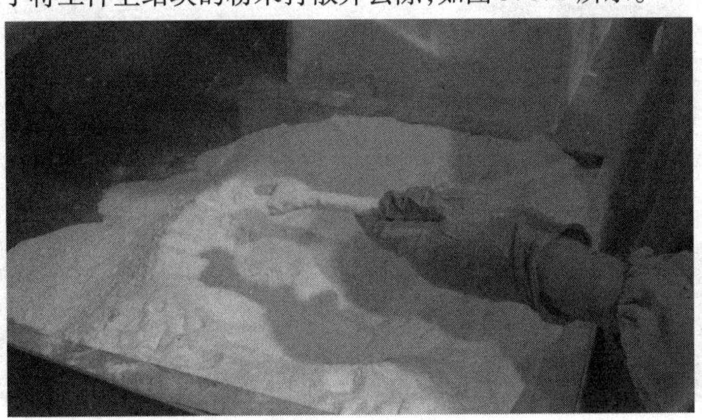

图3.8.1　去除结块粉末

步骤二：用毛刷将打散的粉末扫除，如图 3.8.2 所示。

图 3.8.2　清理打散后的粉末

任务 3.9　任务实施——工件喷砂处理

步骤一：将工件放入喷砂机内进行喷砂处理，如图 3.9.1 所示。

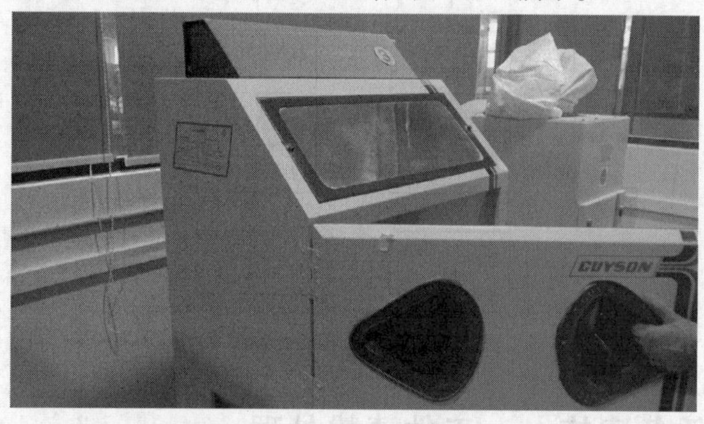

图 3.9.1　工件放入喷砂机

步骤二：利用喷砂处理将工件上的粉末清除，如图 3.9.2 所示。

图 3.9.2　工件喷砂处理

步骤三:用水冲洗掉工件表面的粉末,如图 3. 9. 3 所示;使用刷子刷洗工件表面,如图 3. 9. 4所示。

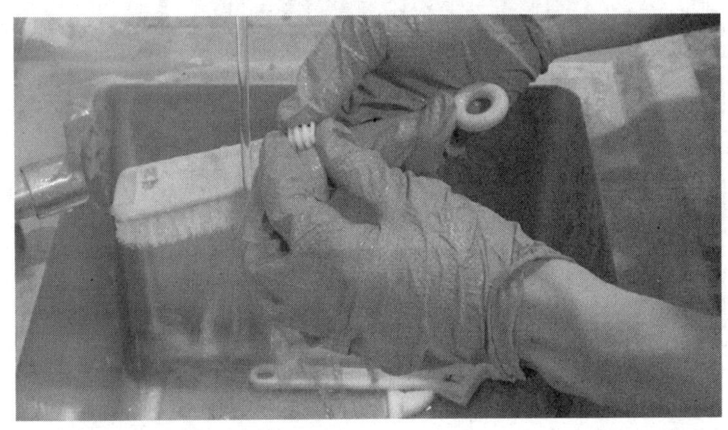

图3.9.3　冲洗工件

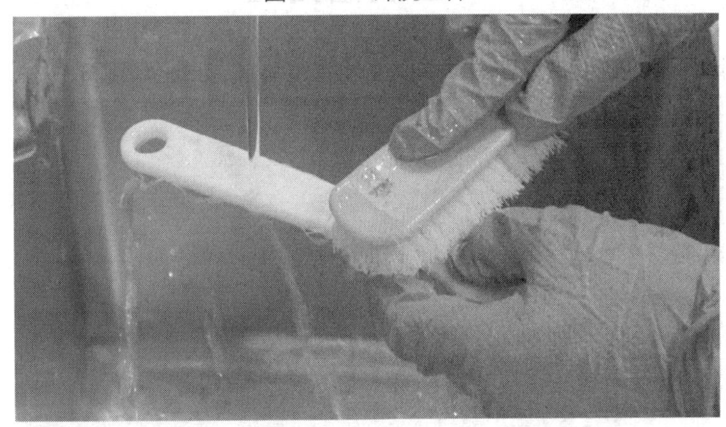

图3.9.4　刷洗工件

步骤四:使用气动打磨机清理清理工件。气动打磨机如图 3. 9. 5 所示,气动布轮清理工件如图 3. 9. 6 所示。

图3.9.5　气动布轮

图3.9.6　气动布轮清理工件

任务3.10　任务实施——工件打磨处理

步骤一:用低目数的砂纸打磨工件表面,边打磨边沾水,如图3.10.1所示。

图3.10.1　粗砂纸打磨工件

步骤二:用高目数的砂纸打磨工件表面,边打磨边沾水,如图3.10.2所示。

图3.10.2　细砂纸打磨工件

步骤三:打磨完成后使用清水清洗干净,如图 3.10.3 所示。

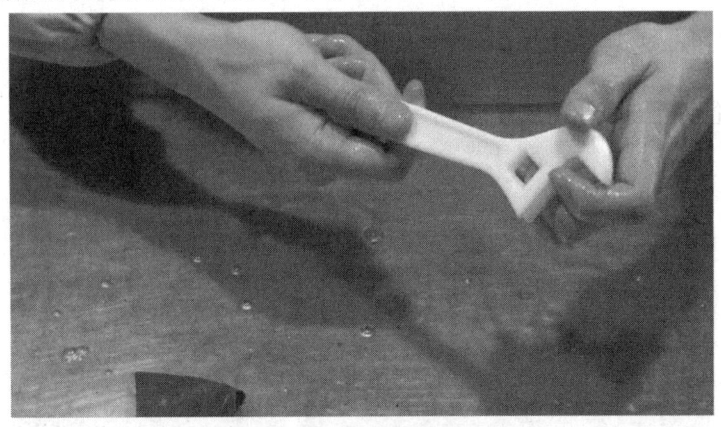

图 3.10.3　清洗干净的工件

步骤四:用吹尘枪将工件表面的水分等吹除,如图 3.10.4、图 3.10.5 所示。

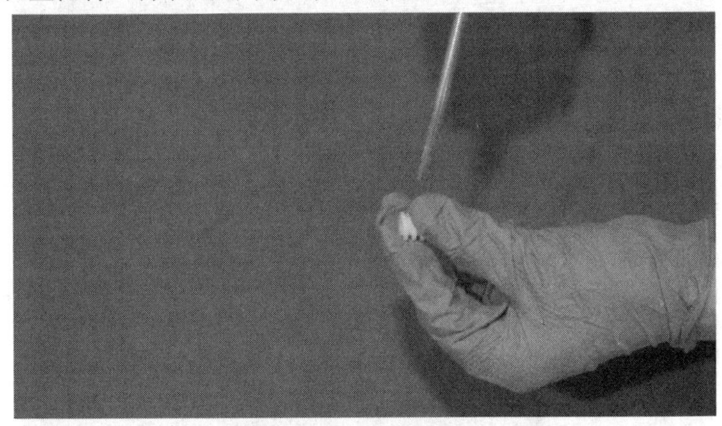

图 3.10.4　气枪吹净工件

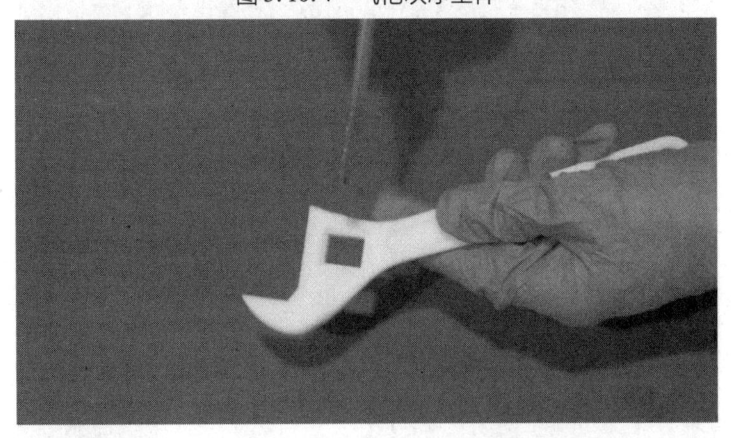

图 3.10.5　气枪吹净工件

任务 3.11　任务实施——零件组装

步骤一:准备好工件,如图 3.11.1 所示。

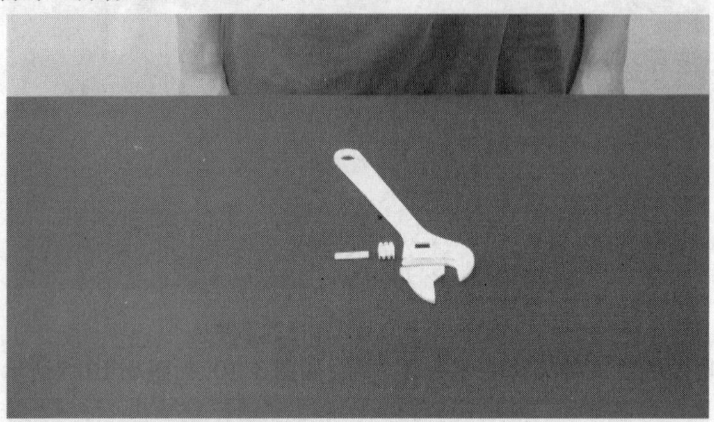

图 3.11.1　待组装零件

步骤二:组装扳手,如图 3.11.2 至图 3.11.5 所示。

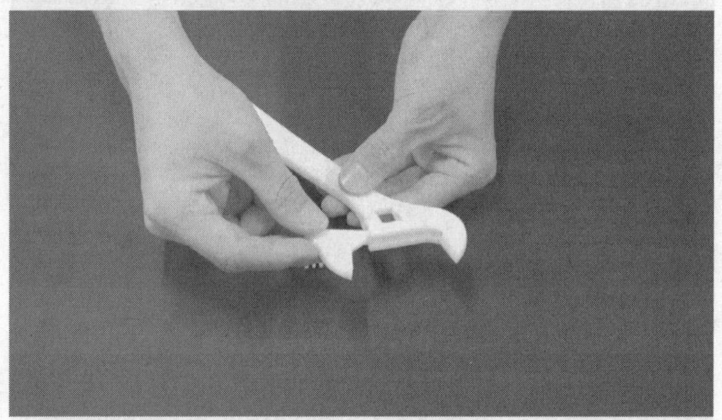

图 3.11.2　组装第一步

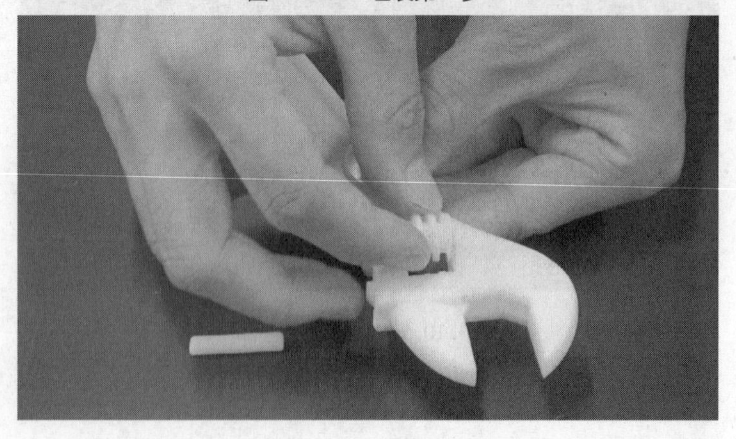

图 3.11.3　组装第二步

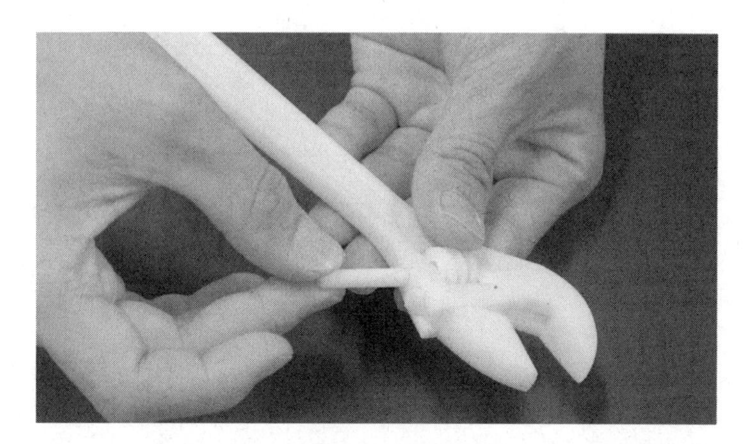
图 3.11.4　组装第三步

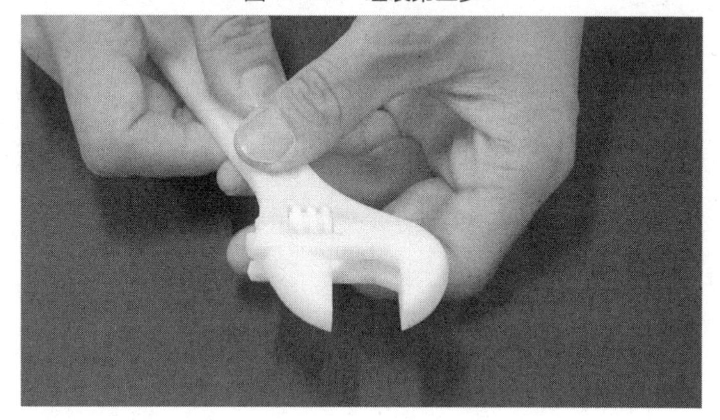
图 3.11.5　组装完成

扫描项目单卡

训练一项目计划表

工序	工序内容
1	使用__________、__________对工件进行清粉处理。
2	使用__________、__________扫除附着粉末。
3	

训练二项目计划表

工序	工序内容
1	工件放入__________进行__________处理。
2	工件使用__________、__________进行清洗。
3	

训练三项目计划表

工序	工序内容
1	使用__________、__________、__________对工件进行打磨处理。
2	使用__________、__________对工件进行清洗、吹干。
3	

训练一自评表

评价项目	评价要点	符合程度	备注
清粉操作	安全穿戴	□基本符合　□基本不符合	
	结块粉末打散	□基本符合　□基本不符合	
	打散粉末扫除	□基本符合　□基本不符合	
学习目标	工具的选择与使用	□基本符合　□基本不符合	
	粉末清理步骤	□基本符合　□基本不符合	
课堂6S	整理(Seire)	□基本符合　□基本不符合	
	整顿(Seition)	□基本符合　□基本不符合	
	清扫(Seiso)	□基本符合　□基本不符合	
	清洁(Seiketsu)	□基本符合　□基本不符合	
	素养(Shitsuke)	□基本符合　□基本不符合	
	安全(Safety)	□基本符合　□基本不符合	

评价等级	A	B	C	D

训练二自评表

评价项目	评价要点	符合程度			备注
喷砂操作	安全穿戴	□基本符合 □基本不符合			
	喷砂机设备操作	□基本符合 □基本不符合			
	工件冲洗	□基本符合 □基本不符合			
学习目标	喷砂机操作技巧	□基本符合 □基本不符合			
	喷砂清理步骤	□基本符合 □基本不符合			
课堂6S	整理(Seire)	□基本符合 □基本不符合			
	整顿(Seition)	□基本符合 □基本不符合			
	清扫(Seiso)	□基本符合 □基本不符合			
	清洁(Seiketsu)	□基本符合 □基本不符合			
	素养(Shitsuke)	□基本符合 □基本不符合			
	安全(Safety)	□基本符合 □基本不符合			
评价等级	A	B	C	D	

训练一小组互评表

序号	小组名称	计划制订（展示效果）			任务实施（作品分享）		评价等级			
		可行	基本可行	不可行	完成	没完成	A	B	C	D
1										
2										
3										
4										

训练二小组互评表

序号	小组名称	计划制订（展示效果）			任务实施（作品分享）		评价等级			
		可行	基本可行	不可行	完成	没完成	A	B	C	D
1										
2										
3										
4										

训练三小组互评表

序号	小组名称	计划制订（展示效果）			任务实施（作品分享）		评价等级			
		可行	基本可行	不可行	完成	没完成	A	B	C	D
1										
2										
3										
4										

训练一教师评价表

小组名称	计划制订（展示效果）			任务实施（作品分享）	
	可行	基本可行	不可行	完成	没完成
评价等级：A□ B□ C□ D□			教学老师签名：________		

训练二教师评价表

小组名称	计划制订（展示效果）			任务实施（作品分享）	
	可行	基本可行	不可行	完成	没完成
评价等级：A□ B□ C□ D□			教学老师签名：________		

训练三教师评价表

小组名称	计划制订（展示效果）			任务实施（作品分享）	
	可行	基本可行	不可行	完成	没完成
评价等级：A□ B□ C□ D□			教学老师签名：________		

3.12.2 小结

(1)扳手产品后处理工艺流程

扳手产品后处理工序主要为:清粉→清洗→喷砂→清洗→打磨→清洗→吹净→装配。

(2)喷砂处理注意事项

①工作前必须穿戴好防护用品,不准赤裸膀臂工作。工作时不得少于两人。

②储气罐、压力表、安全阀要定期校验。储气罐每两周排放一次灰尘,沙罐里的过滤器每月检查一次。

③检查通风管及喷砂机门是否密封。工作前5分钟,须开动通风除尘设备,通风除尘设备失效时,禁止喷砂机工作。

④压缩空气阀要缓慢打开,气压不准超过0.8 MPa。

⑤喷砂粒度应与工作要求相适应,砂子应保持干燥。

⑥喷砂机工作时,禁止无关人员靠近。清扫和调整运转部位时,应停机进行。

⑦不准用压缩空气吹身上灰尘或开玩笑。

⑧工作完后,通风除尘设备应继续运转5分钟再关闭,以排出室内灰尘,保持场地清洁。

⑨发生人身、设备事故,应迅速救治伤员,保护现场,并报告有关部门。

3.12.3 拓展训练

(1)填空题

①产品清粉一般先________________,再用________________。

②产品清粉完成之后一般需要________________、________________。

③根据产品材料不同,喷砂处理的磨料一般使用________________、________________、________________、________________。

④分散染料一般由________________、________________组成。

⑤染料一般有:________________、________________、________________、________________、________________、________________、________________、________________等种类。

(2)简答题

①SLS制造的产品一般有哪些上色的处理技术?

②可以染色尼龙等材质的染料有哪些?

③喷砂机主要使用哪几种磨料?

④进行SLS工艺后处理时需要注意什么?

(3)实训

根据本项目内容,制定一个扳手产品的后处理工艺流程,并应用相关知识和技能进行后处理操作。

项目 4

简易模具产品后处理

任务 4.1　项目内容

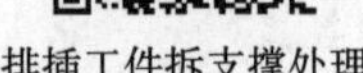

排插工件拆支撑处理　　排插工件打磨处理　　排插工件装配处理　　排插工件后处理

某 3D 打印公司的主要业务为打印服务，由于近期业务量暴增，导致人手短缺，一些打印好的工件无法及时进行后处理，眼看交货期将至，为了能及时完成客户订单，公司决定将一些打印好的工件进行外发。

因此公司找到了学校，希望由学校来负责一部分的工件后处理，其中就有一个打印好的模具工件。这个模具工件是用 SLS 工艺打印的，表面有许多的粉末材料，要求学校将工件表面的粉末完全去除，并保证工件表面的粗糙度到达要求。

4.1.1　内容简介

本项目要根据工艺文件上的产品性能指标，对使用 SLS 工艺制造的简易模具产品进行后处理。后处理主要工序为：清粉→清洗→喷砂→清洗→打磨→清洗。在完成后处理各个工序后，还需要对产品进行合格性检验，保证简易模具产品的各项指标达到要求。

4.1.2　要求

①清粉：大块粉末全部清除干净，残留在工件表面的散粉大部分被扫除干净。

②清洗：工件表面没有 SLS 原料粉末残留。

③喷砂：喷砂均匀，未出现因操作不当而喷出凹坑的情况。

④清洗：喷砂处理时，附着在简易模具产品表面的喷砂磨料全部冲洗干净，没有残留。

⑤打磨:打磨光滑平整,无残留砂纸痕迹,未出现边角打圆的情况。
⑥清洗:打磨时,残留在简易模具产品表面的各种粉末全部清洗干净。
完成以上工序后进行检验,主要包含:
①尺寸:使用游标卡尺、千分尺等量具检验产品关键尺寸,必须在工艺文件规定范围内。
②外形:对比3D模型图档,不能有变形等缺陷。
③外表面:表面需光滑,符合工艺文件相关要求。

4.1.3　需求分析

在本项目中,公司需要制造的产品为一个简易模具产品,生产批量为单件生产,生产出来的该简易模具产品主要用途是作为展会展品展览用。在此条件下,使用SLS工艺制造该简易模具产品时,在进行后处理时,需特别注意表面质量。

在快速制造技术中,直接使用相关工艺直接制造出来的产品往往是无法满足工艺文件要求的,为了达到工艺文件的要求,就需要进行产品的后处理。该简易模具产品由于作为展览之用,因此后处理时的表面要求会比较高。

4.1.4　产品后处理前后对比

图4.1.1　产品后处理前

图4.1.2　产品完成后处理

4.1.5　任务目标

(1)能力目标

①能够完成清粉操作;
②能够完成喷砂操作;
③能够完成打磨操作。

(2)知识目标

①了解后处理的目的;
②了解SLS后处理工具;
③了解SLS后处理流程。

(3)素质目标

①具有严谨求实精神;

②具有团队协同合作能力;

③能大胆发言,表达表达想法,进行演说;

④能小组分工合作,配合完成任务;

⑤具备6S职业素养。

任务4.2　选择性激光烧结成型机器的维护保养与安全穿戴

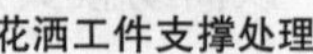
花洒工件支撑处理

工件打磨处理

花洒工件的喷漆处理

4.2.1　安全穿戴标准

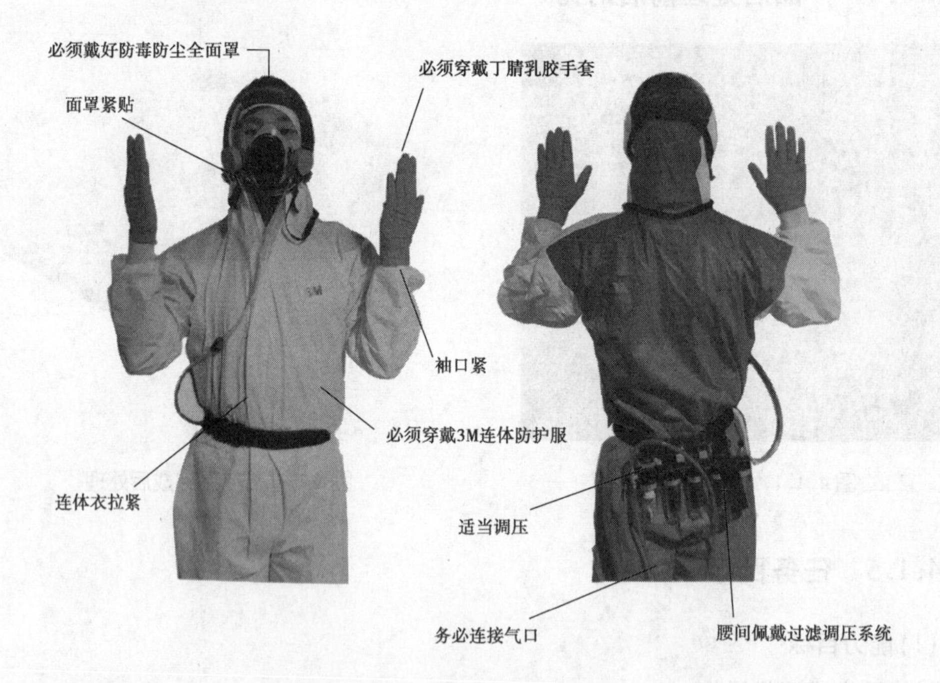

图4.2.1　安全穿戴示意图

4.2.2　选择性激光烧结(SLS)工艺设备

目前,国内外有许多厂商生产SLS工艺设备,下面以3D SYSTEM公司的sPro.60为例,介绍SLS工艺设备的主机及其附属设施的维护与保养。

(1)主机

图4.2.2　3D SYSTEM 公司 sPro.60

日常维护保养：

①上机打印前，及时清理打印舱内部散粉，清理舱壁粘附的粉末，保持设备清洁。

②控制计算机不应挪作他用，专机专用。

③定期目视检查打印舱内各个组件是否有烧焦等不良情况，如出现需及时进行处理。

④做好上机打印的登记，方便进行设备保养时进行零件使用时长确定。

⑤检查各管路和电缆是否有破损等情况出现。

(2)附属设备

1)防爆吸尘器

①当操作机器、维修机器或更换配件时，请随时戴上可抵抗的眼罩及面具(脸部保护装置)，即使是小的抛射物，亦会伤害眼睛并可能导致失明。

②操作机器时，请观察周围环境是否有正在运转的机器设备，尽量远离其他正在运转的工件，严禁直接接触正在运转的工件。

③操作时请佩戴手套。

④当吸尘器没有吸力时：检查吸尘器的物料进口是否封塞；检查主过滤器是否封塞，否则应及时清理或更换；检查液体是否吸满，如浮球堵塞吸口，应及时倾倒液体；检查消音器、过滤器是否已堵塞否则应更换。

图 4.2.3　吸尘器

2)筛粉机

图 4.2.4　筛粉机

振动筛有偏心环动筛、惯性振动筛和共振筛等,其共同特点是筛面作高频、小振幅振动,使筛面上的物料发生离析。筛孔不易堵塞,筛分效率高,构造简单,质量较轻,耗电少。

筛粉机应在筛面没有物料的情况下启动,尽量避免带料开机,筛机运转平稳后才能给料。停机前应先停止给料,待筛面物料排出后再停机。

工作过程中应经常观察筛机运行情况,如发现运动不正常或有异常声响,应及时停机检查,找出原因,排除故障。

振动器轴承采用 2 号锂基脂润滑,正常情况下,每两个月加注一次润滑脂,加注量不宜过多,否则会引起轴承过热。振动器使用 6 个月后,检查油脂情况,如发现变干或有硬块时,应清洗更换新油脂,轴承应每年清洗检查一次。

3)冷水机组

操作注意事项：

①当班人员必须检查冷水机水箱剩余水量,如果低于最低水位,需给机组添加蒸馏水,不得添加普通自来水!

②每月检查一次散热口,出现散热不畅时,要及时清理散热口的积尘。

③检查控制面板显示的各个参数,确保冷水机正常运行。

④定期检查管路是否有渗漏,如果有,要及时更换管路零件。

4)制氮机

图4.2.5　冷水机组

图4.2.6　制氮机

操作注意事项：

①根据用气压力和用气量调节流量计前面的调压阀和流量计后的供氮阀,不要随意调大流量,以保证设备的正常运转;

②空气进气阀和氮气产气阀开度不宜过大,以保证纯度达到最佳;

③调试人员调节好的阀门不要随意转动,以免影响纯度;

④不要随意动电控柜内的电气件,不要随意拆动气动管道阀门;

⑤操作人员要定时察看机上的四只压力表,对其压力变化作一个日常记录以备故障分析;

⑥定期观察出口压力、流量计指示及氮气纯度,及时与性能页的值对照,发现问题及时解决;

⑦空压机、冷干机、过滤器必须严格按照技术要求进行维护。

任务4.3　丝印

扳手工件清粉处理

扳手工件喷砂处理

手工件打磨处理

丝网印刷是指用丝网作为版基,并通过感光制版方法,制成带有图文的丝网印版。丝网印刷由五大要素构成,即丝网印版、刮板、油墨、印刷台以及承印物,利用丝网印版图文部分网孔可透过油墨,非图文部分网孔不能透过油墨的基本原理进行印刷。

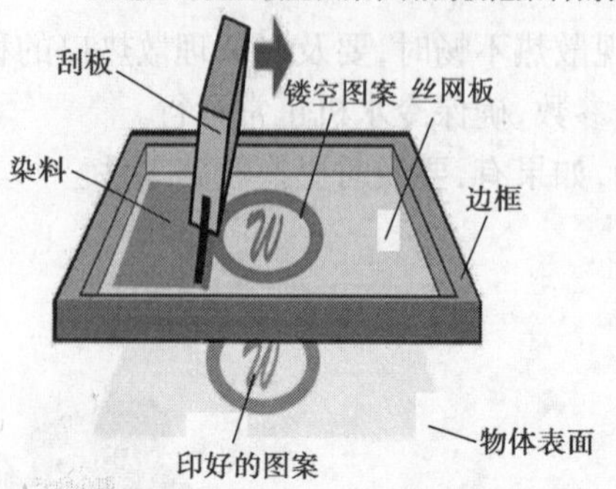

图 4.3.1　丝印原理

4.3.1　工艺原理

工艺原理如图 4.3.1 所示。印刷时在丝网印版一端倒入油墨,用刮印刮板在丝网印版上的油墨部位施加一定压力,同时朝丝网印版另一端移动。油墨在移动中被刮板从图文部分的网孔中挤压到承印物上。由于油墨的粘性作用而使印迹固着在一定范围之内,印刷过程中刮板始终与丝网印版和承印物呈线接触,接触线随刮板移动而移动。丝网印版与承印物之间保持一定的间隙,使得印刷时的丝网印版通过自身的张力而产生对刮板的反作用力,这个反作用力称为回弹力。

图 4.3.2　丝印网板

回弹力的作用,使丝网印版与承印物只呈移动式线接触,而丝网印版其他部分与承印物为脱离状态。油墨与丝网发生断裂运动,保证了印刷尺寸精度,避免蹭脏承印物。当刮板刮过整个版面后抬起,同时丝网印版也抬起,并将油墨轻刮回初始位置。至此为一个印刷行程。

4.3.2 工艺特点

丝网印刷的特点很多,最根本的一点是印刷适应性强,所以人们称之为除空气和水不能印刷外,在所有不同材料和表面形状不同的承印物上都能进行印刷,而且不受印刷面积大小的限制。丝网印刷同其他印刷方法相比具有以下特点:

(1)层厚实、立体感强

在四大印刷方法中,丝网印时油墨层较厚实,图文质感丰富,立体感强。其印刷墨厚一般为6.0~100 μm,墨厚与印刷方式对比如表4.3.1所示。

表4.3.1 各印刷方式墨厚

印刷方式	油墨厚度/μm
平版印刷	0.7~1.2
凸版印刷	1.0
凹版印刷	12
柔性版印刷	10
丝网印刷	6.0~100

一般条件下,丝网印刷的墨厚为20~30 μm,如今特殊的厚膜印刷(如丝网印刷电路板)墨层厚度可达1 000 μm。油墨膜层厚有许多特殊的效果:立体感强,可用发泡油墨印刷盲文点字,发泡后墨层厚度可达300 μm;遮盖力强,可在暗底上印亮色或在亮金属上印白色膜强度大,宜做转印材料和防蚀涂层;耐光性好,色彩鲜明,宜做户外标牌广告等。

(2)对油的适应性强

丝网印刷具有漏印的特点,所以各种类型的油几乎都可以为丝网印刷所用,如油性、水性、合成树脂型、粉末型等各种油,根据承印物材质的要求,既可用油墨印刷,也可用各种涂料或色浆、胶料等进行印刷。而其他印刷方法则由于对油墨中颜料粒度的细微要求,受到限制。

(3)版面柔软,印刷压力小

丝网印版柔软而富有弹性,印刷压力小,所以,不仅能够在纸张、纺织品、薄膜等软性材料上进行印刷,而且还能够在易损坏的玻璃、金属、陶瓷等硬度高及易碎的表面直接进行印刷。

(4)承印物的大小及形状不受限制

丝网印版富于弹性,除在平面物体上进行印刷之外,还可以在曲面、球面或凹凸不平的异形物体表面进行印刷,比如各种玻璃器皿、塑料、瓶罐、漆器、木器等,在平版印刷、凸版印刷、凹版印刷方法所不能印刷的,它都能印刷。另外,目前一般胶版印刷、凹版印刷等印刷方法所能印刷的面积尺寸为全张,超过全张尺寸,就受到机械设备的限制。而丝网印刷对承印物的大小适应范围广,不仅可以在超大幅面的承印物上进行印刷,如可印刷各种超大型户外广告画、幕布,最大印刷幅面可达3 m×4 m,也可以在超小型、超高精度的物品上进行印刷,如笔杆、键盘的印刷等。这种印刷方式有着很大的灵活性和广泛的适用性,所有有形状的东西都可以用丝网印刷进行印刷。

(5)耐光性强

由于丝网印刷具有漏印的特点,所以颗粒较大的颜料亦可使用此种印刷方式。如颗粒较大的耐光性料、荧光颜料都可直接加到丝网印刷油墨中,使印品具有耐光性及荧光性能。因此,丝网印刷产品的耐光性比其他种类印刷产品的耐光性强,更适合在室外做广告、标牌之用。

4.3.3 丝印工艺设备

丝印机的全称为"丝网印刷机"(Screen Printer Machine),它是通过丝网把焊锡膏或贴片胶漏印到 PCB 焊盘上的一种设备。丝印机可分为垂直丝印机、斜臂丝印机、转盘丝印机、四柱式丝印机及全自动丝印机,主要应用在电子加工行业,如印制电路板的丝印标志、仪器外壳面板的标志,电路板加工过程中的焊锡膏印刷等。

图 4.3.3 万能丝印机

(1)分类

丝印机分为垂直丝印机、斜臂丝印机、转盘丝印机、四柱式丝印机及全自动丝印机。

(2)特点

①丝印机独特变频调速装置,印刷速度为 20~70 印次每分钟;

②电子计数器可准确预调数计时,总数自动停机;

③丝印机有多色印刷电眼装置,微调操作,对点对色准确,提高印刷品质;

④丝印机适合印大面积底色、细字、网点,均清晰亮丽不褪色;

⑤油墨附着力好、墨层厚、不褪色、不掉色、耐候性好,色泽鲜艳;

⑥丝印机可连接 UV 干燥机/上光模切机/分条机/切刀机/复卷机或单独使用;

⑦丝印机采用世界上最好的内置伺服电机,人性化设计,利于操作;

⑧操作容易减少试版时之高单价印材损耗。

4.3.4 丝印油墨

由于丝网印刷的承印材料种类众多,且物性、用途各异,所以其印刷所用油墨种类也有很多(据统计有2 000多种),不仅包括印刷业的油墨,还涉及纺织业的印花浆,以及其他工业用的油漆、涂料及黏合剂等。为便于叙述,我们将这些都统称为丝网印刷油墨。要了解油墨的基本知识,以便正确把握好油墨的性能。合理选用油墨就对提高丝网印刷质量是非常重要的。

(1)丝网印刷油墨的分类

丝网印刷油墨是印刷油墨的一种,其品种繁多,分类方法也是多种多样的。但主要分类方法有以下几类:

①根据油墨的特性分类,可分为荧光防伪油墨、亮光油墨、快固着油墨、磁性油题导电油墨、香味油墨、发泡油、紫外线干燥油墨、升华油墨、转印油等。

②根据油墨所呈状态分类,可分为胶体油墨,如水性油墨、油性油墨、树脂油墨、淀粉色浆等;固体油墨,如静电丝网印刷用墨粉。

③根据承印材料分类:

纸张用油墨:油性油墨、水性油墨;亮光型油墨、半亮光型油墨;挥发干燥型油、氧化结膜干燥型油;涂料纸型油墨、合成纸型油墨、纸箱油墨。

织物用油墨:水性油界、油性油墨、乳液型油墨等。

木材用油墨:水性墨、油性墨(包括油漆)。

金属用油墨:铝、铁、铜、不锈钢等不同金属专用油。

玻璃陶瓷用油墨:玻璃仪器、玻璃工艺品、陶瓷器皿用油墨。

塑料用油墨:聚氯乙烯用油、苯乙烯用油墨、聚乙烯用油墨、聚丙烯用油墨等。

印刷线路板用油墨:电导性油墨、耐腐蚀性油愚、耐电镀和耐氟油墨。

皮革用油墨:印刷皮革专用油墨。

④根据油墨的干燥方式分类,可分为挥发干燥油墨、渗透干燥油墨、氧化结膜干燥油、UV干燥油墨等。

⑤根据油墨功能分类,可分为抗腐蚀油墨、防伪油墨、发光油墨、导电油墨等。

(2)丝印油墨组成

1)色料

色料主要决定油墨的色彩、着色力和各种耐性,另外,还将影响油黑的稠度和干燥性(特别是氧化聚合型油墨)。油墨色料主要包括颜料、染料。其区别在于:

①染料溶解于水或有机溶剂,以分子状态分散在连接料中。颜料不溶于水和有机溶剂,以微小颗粒分散于连接料中。与颜料相比,染料的着色力大,色泽鲜艳,透明性和流动性好,但耐光性、耐热性、耐溶剂性和耐药品性差,同时容易产生色迁移,故染料在油墨中较少使用。油墨主要是使用颜料作为色料,但在丝网印刷油墨中还是有广泛的应用。

②着色原理也不一样,染料对物体的着色是依靠化学键来实现的,着色牢度好,不易掉色,但有选择性,不能对所有物体着色;而色料的着色是依靠连接料将颜料固着在着色物表面,是依靠分子间力来实现的,着色牢度低一些,但没有选择性。

2)连接料和助剂

①连接料。连接料是油中的流体组成部分。它起分散介质作用,使色料、填料等固体物质分散在其中。连接料是决定油性能的关键因素,不同类型的油墨,常要用不同性质的连接

料。连接料包括油脂、树脂及溶剂等。

②助剂。色料和连接料通称为丝网印刷油墨的助剂,但单由色料和连接料所配制成的油墨并不能满足丝网印刷工艺对油墨多种多样的要求,所以油墨总少不了这样那样的添加剂作为助剂用于改善油墨的性能。助剂是为了提高油墨的各种印刷适性而添加的各种辅助剂,主要有消泡剂、稀释剂、增塑剂、紫外线吸收剂、干燥剂等。在印刷时通常只加入少量的助剂,便可使印刷适性大为改善。

(3)油墨的选用

油墨与承印物的匹配,主要由黏着性、干燥性和应用功能所决定。

1)塑料丝网油

用什么样的油墨进行塑料丝网印刷,这关系到丝网印刷产品的质量。一般的热固型油是不适合塑料丝网印刷的,因为油墨的固化温度多在 100 ℃以上,而此时塑料则早已变形。所以只能根据塑料的溶解性选择溶剂型油墨,即挥发干燥类型的油墨。塑料丝网印刷油墨在国外已形成系列化的产品,有各种颜色,能适应各种塑料承印物,并具备不同的干燥时间等。国内油墨厂家生产的塑料丝网印刷油墨以溶剂挥发干燥型居多。成膜物质大多为合成丙烯酸树脂、改性丙烯酸树脂、聚酰胺树脂等与塑料相应的树脂。溶剂大多为酯类、松节油、环已酮、二甲苯等。颜料以无机料为主。印刷时要根据所使用的材料及成品的用途和要求选择合适的油墨。

还要考虑油墨的干燥速度,一般都希望油墨能快些干燥,以提高效率、节省晾架。干得过快,将使印版上的油墨很快变稠、出现干版(堵网)现象,降低油墨的流动性和油墨对承印物表面的浸润效果,图案印刷不牢。如果干得过慢,则会给多色套印带来困难,增加晾片空间或者使下一版叠印不上。应根据印刷车间的具体干燥条件合理地选择溶剂的种类和配比,因为油墨的干燥速度取决于溶剂的挥发速度。

在选择溶剂时,除了考虑干燥速度外,还必须注意其与塑料中各种增塑剂的相溶性。如果溶剂选择不当,当油墨印上后,将很快使薄膜发生溶胀而失去平整的外观,使印刷无法进行。

2)金属丝网印刷油墨

金属用丝网印刷油墨与其他丝网印刷油墨有着很大差异。金属印刷所使用的油墨有氧化聚合型、蒸发干燥型、热反应型及特殊油墨。

①氧化聚合型油墨。这类油墨具有印刷容易、耐光性、耐气候性强及色泽好等优点;不足之处是干燥较慢、耐溶剂性、耐热性较差。该油墨可采用自然干燥或加热干燥、自然干燥在室温下需 4 ~6 h。加热干燥在 80 ℃时,约需 30 min。这类油墨适用于铝、铁、铜及铜合金等材料制品的表面印刷。

②挥发干燥型油墨。这类油墨是以硝化纤维树脂和聚酯树脂为主要成分的。采用这类油墨印刷后,用加热干燥,干燥时在常温下需 20 ~40 min,多用于金属板、金属箔以及金属涂料层等材料印刷。

③热反应型油墨。这类油墨有单液型和双液型两种。这两种油墨都以环氧树脂为主要成分,也有用尿素树脂、聚酯树脂、苯胺树脂的。双液型油墨的优点是:储藏稳定性好,在低温条件下也能固化。耐光性、耐气候性优良。其不足之处是:在印刷中由于油墨黏度逐渐升高,因此不能保持均衡稳定性。这种油墨现用现配,所以损耗较大。单液型油墨的优点:与双液

型相比成本较低、黏度变化小。其不足之处是:必须通过高温固化;耐久性差,储存稳定性差。热反应型油墨多用于电子元件、金属标牌、印刷线路板等金属材料制品的印刷。

④特殊油墨。这类油墨主要指紫外线干燥油墨等,适用各种金属材料的表面印刷。综上所述,金属用丝网印刷油墨必须具有优良的耐热性、耐药品性、耐酸性、耐碱性耐溶剂性、耐水性,要有较强的绝缘阻抗性及附着力。

按照设计师使用习惯油墨分类,设计师常按照效果命名油墨,比如闪粉(金葱粉)油墨、金属油墨、珠光油墨、实色油墨、夜光油墨、3d 磁性油墨、水珠油墨、UV 立体光油等。

闪粉油墨,就是将闪粉调配成油墨,称为闪粉油墨。闪粉是由精亮度极高的不同厚度的PET、PVC、OPP 金属铝质膜材料电镀,涂布经精密切割而成,如图 4.3.4 所示。

图4.3.4　闪粉油墨

珠光油墨,同闪粉油墨的区别就是添加的是珠光粉。珠光粉大多采用天然云母制成。珠光色彩可根据需求调试,由于颗粒均匀细腻、对网目要求较低,所以运用较为广泛,如图 4.3.5 所示。

金属油墨,指用金属薄片配制的油墨,有金属的光泽,一般说的金墨、银墨就是这类油墨。金属油墨的颜料主要是金粉和银粉(铜粉和铝粉),也可加入其他颜料以产生具有特殊色彩的油墨,称为着色金属油墨。我们常用到的金属色系油墨有土豪金、亮银、电镀银、电镀金、镜面银、镜面金、闪银等,如图 4.3.6 所示。

UV 水珠油墨,产品表面就像荷叶上落下了许许多多、大小不一的水珠一样。水珠大小可通过印刷网目和工艺条件控制。网目越低,涂层越厚,水珠越大,反之目数越高,水珠越小。其局限性就是水珠形状及排列不能很好地控制,有一定的差异,所以应用不能达到一致性,如图 4.3.7 所示。

在选用油墨时,设计师应注意以下几点:

①不同的材料选用不同的油墨,必须选用与材料相配的油墨,以避免油墨选择错误造成不良后果,比如丝印 abs 上的油墨用到玻璃上最常见的问题就是油墨的附着力不达标。

②不同类型油墨需要采用配套稀释剂,主要因为各种稀释剂对各种不同树脂类型油墨有

图 4.3.5　珠光油墨

图 4.3.6　金属油墨

图 4.3.7　UV 水珠油墨

着不同的溶解力，同样是为了避免产生不良的印刷效果。

4.3.5　丝印的应用

丝网印刷的上述特点，使它具有广泛的适应性。根据承印材料的不同，丝网印制可以分为：织物印刷、塑料印剧、金属印刷、瓷印刷、玻璃印刷、电子产品印刷、彩票丝网印刷、灯饰广告牌丝网印刷、金属广告牌丝网印刷、不锈钢制品丝网印刷、光反射体丝网印刷、丝网印刷转印电化铝、丝网印刷版画以及漆器丝网印刷等。

(1)织物印刷

织物印刷就是指在织物上以印刷方法形成图案的工艺过程，主要包括服装鞋类、帽类、包、袋、布匹等织物印刷。采用的印刷方式主要有涂料直接印花、拔染印花、丝网印刷烂花、植绒印花、转移印花等。织物丝网印刷是一个很大的业务领域，约占丝网印刷业的50%。

(2)塑料印刷

塑料印刷主要包括塑料薄膜制品、塑料容器、电子产品塑料部件、塑料标牌、仪器面板等的印制。塑料制品的种类繁多，但就丝网印同方法来说，片材及平面体用平面丝网印刷法；可展开成平面的弧面体用曲面丝网印刷法；异形制品则用间接丝网印刷法。但塑料制品因树脂、添加剂及成型方法的不同，使其表面性能的差别很大，尤其是表面的平滑性、极性及静电等问题，都是造成塑料丝网印刷产生故障的根源。

(3)金属印刷

金属丝网印刷的范围很广泛，可印刷各类标志牌面板及金属成品等。它们大都采用直接印刷的方法，在丝网印刷技巧上无多大差别。需注意的是金属品属耐用品，对其表面装饰性要求更高、更耐用，因此在印前应多进行表面处理，如表面涂层、电镀、阳极氧化、机械打毛(条纹、拉丝)等。另外，还要根据金属的表面性能选用适当的印刷油墨。

(4)陶瓷印刷

陶瓷器皿上的图案装饰，长期以来使用的方法是吹喷、手绘，以及用铜版和平版印刷的贴花纸的转印等方法。

(5)玻璃印刷

印刷后的玻璃制品，要放火炉中，以520～600 ℃的温度进行烧制，印刷到玻璃表面上的轴料才能固结在玻璃上，形成绚丽多彩的装饰图案。如果将丝网印刷与其他加工方法并用的话，会得到更理想的效果。例如，利用抛光、雕刻、腐蚀等方法在印刷前或印刷后对玻璃表面进行加工处理，能够加倍提高印刷效果。

(6)电子产品印刷

在电子产品的生产过程中，丝网印刷已成为一种必不可少的工艺手段。如产品外壳的装饰、印刷电路、厚膜集成电路、太阳能电池、电阻、电容、压电元件、光敏元件、热敏元件、液晶显示元件等，在生产过程中都不同程度地采用了丝网印刷工艺。

(7)其他印刷

如不锈钢制品的丝网印刷、光反射体的丝网印刷、用丝网印版转印电化铝、丝网印刷版画及漆器丝网印刷等。

任务4.4　模具基本知识

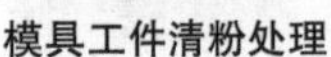

模具工件清粉处理

模具工件喷砂处理

模具工件打磨处理

模具,是指工业生产上用以注塑、吹塑、挤出、压铸或锻压成型、冶炼、冲压等方法得到所需产品的各种模子和工具。简而言之,模具是用来制作成型物品的工具,这种工具由各种零件构成,不同的模具由不同的零件构成。它主要通过所成型材料物理状态的改变来实现物品外形的加工,素有"工业之母"的称号。

模具广泛用于冲裁、模锻、冷镦、挤压、粉末冶金件压制、压力铸造,以及工程塑料、橡胶、陶瓷等制品的压塑或注塑的成型加工中。模具具有特定的轮廓或内腔形状,应用具有刃口的轮廓形状可以使坯料按轮廓线形状发生分离(冲裁)。应用内腔形状可使坯料获得相应的立体形状。模具一般包括动模和定模(或凸模和凹模)两个部分,二者可分可合。分开时取出制件,合拢时使坯料注入模具型腔成型。模具是精密工具,形状复杂,承受坯料的胀力,对结构强度、刚度、表面硬度、表面粗糙度和加工精度都有较高要求,模具生产的发展水平是机械制造水平的重要标志之一。

4.4.1　塑料模具

用于压塑、挤塑、注塑、吹塑和低发泡成型的组合式塑料模具,主要包括由凹模组合基板、凹模组件和凹模组合卡板组成的具有可变型腔的凹模,由凸模组合基板、凸模组件、凸模组合卡板、型腔截断组件和侧截组合板组成的具有可变型芯的凸模。

随着塑料工业的飞速发展和工程塑料在强度等方面的不断提高,塑料制品的应用范围也在不断扩大,塑料产品的用量正在上升。

塑料模具是一种生产塑料制品的工具。它由几组零件部分构成,这个组合内有成型模腔。注塑时,模具装夹在注塑机上,熔融塑料被注入成型模腔内,并在腔内冷却定型,然后上下模分开,经由顶出系统将制品从模腔顶出离开模具,最后模具再闭合进行下一次注塑,整个注塑过程是循环进行的。

一般塑料模具由动模和定模两部分组成,动模安装在注射成型机的移动模板上,定模安装在注射成型机的固定模板上。在注射成型时,动模与定模闭合构成浇注系统和型腔,开模时动模和定模分离以便取出塑料制品。

模具的结构虽然由于塑料品种和性能、塑料制品的形状和结构以及注射机的类型等不同而可能千变万化,但是基本结构是一致的。模具主要由浇注系统、调温系统、成型零件和结构零件组成。其中浇注系统和成型零件是与塑料直接接触部分,并随塑料和制品而变化,是塑模中最复杂、变化最大、要求加工光洁度和精度最高的部分。

浇注系统是指塑料从射嘴进入型腔前的流道部分,包括主流道、冷料穴、分流道和浇口等。成型零件是指构成制品形状的各种零件,包括动模、定模和型腔、型芯、成型杆以及排气口等。

(1)塑料模具分类

按照成型方法的不同,可以划分出对应不同工艺要求的塑料加工模具类型,主要有注射成型模具、挤出成型模具、吸塑成型模具、高发泡聚苯乙烯成型模具等。

1)塑料注射(塑)模具

它是热塑性塑料件产品生产中应用最为普遍的一种成型模具。塑料注射模具对应的加工设备是塑料注射成型机。塑料首先在注射机底加热料筒内受热熔融,然后在注射机的螺杆或柱塞推动下,经注射机喷嘴和模具的浇注系统进入模具型腔,塑料冷却硬化成型,脱模得到制品。其结构通常由成型部件、浇注系统、导向部件、推出机构、调温系统、排气系统、支撑部件等部分组成。制造材料通常采用塑料模具钢模块,常用的材质主要为碳素结构钢、碳素工具钢、合金工具钢、高速钢等。注射成型加工方式通常只适用于热塑料品的制品生产,用注射成型工艺生产的塑料制品十分广泛,从生活日用品到各类复杂的机械,电器、交通工具零件等都是用注射模具成型的。它是塑料制品生产中应用最广的一种加工方法。

图4.4.1　注塑模具

2)塑料压塑模具

塑料压塑模具包括压缩成型和压注成型两种结构模具类型。它们是主要用来成型热固性塑料的一类模具,其所对应的设备是压力成型机。压缩成型方法根据塑料特性,将模具加热至成型温度(一般在103~108 ℃),然后将计量好的压塑粉放入模具型腔和加料室,闭合模具,塑料在高热、高压作用下呈软化粘流,经一定时间后固化定型,成为所需制品形状。压注成型与压缩成型不同的是有单独的加料室,成型前模具先闭合,塑料在加料室内完成预热呈粘流态,在压力作用下调整挤入模具型腔,硬化成型。压缩模具也用来成型某些特殊的热塑性塑料,如难以熔融的热塑性塑料(如聚加氟乙烯)毛坯(冷压成型),光学性能很高的树脂镜片,轻微发泡的硝酸纤维素汽车方向盘等。压塑模具主要由型腔、加料腔、导向机构、推出部件、加热系统等组成。压注模具广泛用于封装电器元件方面。压塑模具制造所用材质与注射模具基本相同。

3)塑料挤出模具

塑料挤出模具是用来成型生产连续形状的塑料产品的一类模具,又叫挤出成型机头,广泛用于管材、棒材、单丝、板材、薄膜、电线电缆包覆层、异型材等的加工。与其对应的生产设备是塑料挤出机,其原理是固态塑料在加热和挤出机的螺杆旋转加压条件下熔融、塑化,通过特定形状的口模而制成截面与口模形状相同的连续塑料制品。其制造材料主要有碳素结构钢、合金工具等,有些挤出模具在需要耐磨的部件上还会镶嵌金刚石等耐磨材料。

图 4.4.2　挤出成型产品

图 4.4.3　塑料挤出模具

4)塑料吹塑模具

它是用来成型塑料容器类中空制品(如饮料瓶、日化用品等各种包装容器)的一种模具。吹塑成型的形式按工艺原理主要有挤出吹塑中空成型、注射吹塑中空成型、注射延伸吹塑中空成型(俗称“注拉吹”)、多层吹塑中空成型、片材吹塑中空成型等。中空制品吹塑成型所对应的设备通常称为塑料吹塑成型机,吹塑成型只适用于热塑料品种制品的生产。

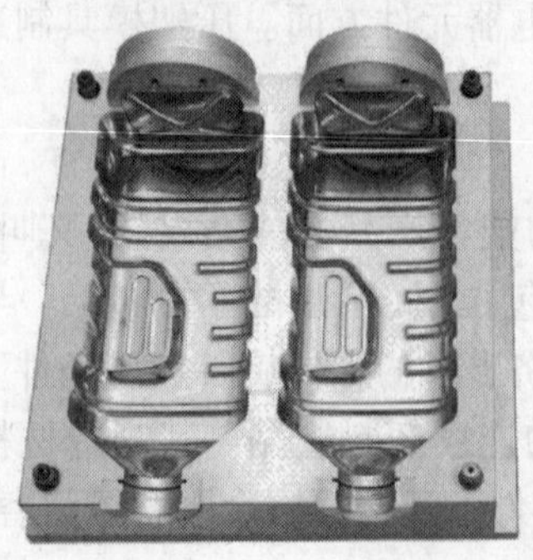

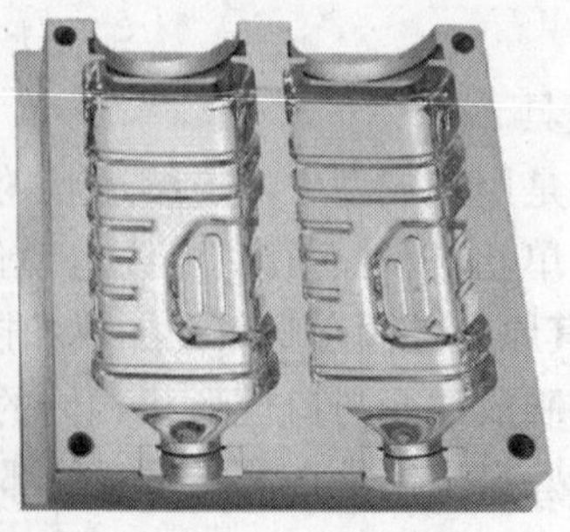

图 4.4.4　吹塑模具

5)塑料吸塑模具

它是以塑料板、片材为原料成型某些较简单塑料制品的一种模具,其原理是利用抽真空盛开方法或压缩空气成型方法使固定在凹模或凸模上的塑料板、片,在加热软化的情况下变形而贴在模具的型腔上得到所需成型产品,主要用于一些日用品、食品、玩具类包装制品生产方面。吸塑模具因成型时压力较低,所以模具材料多选用铸铝或非金属材料制造,结构较为简单。

图4.4.5　吸塑模具

6)高发泡聚苯乙烯成型模具

它是应用可发性聚苯乙烯(由聚苯乙烯和发泡剂组成的珠状料)原料来成型各种所需形状的泡沫塑料包装材料的一种模具。其原理是可发聚苯乙烯在模具内能用蒸汽成型,包括简易手工操作模具和液压机直通式泡沫塑料模具两种类型,主要用来生产工业品方面的包装产品。制造此种模具的材料有铸铝、不锈钢、青铜等。

图4.4.6　塑料发泡成型模具

(2)注塑模具结构

注塑模具主要由浇注系统、调温系统、成型零件和结构零件组成。其中,浇注系统和成型零件是与塑料直接接触部分,并随塑料和制品而变化,是塑模中最复杂、变化最大、要求加工光洁度和精度最高的部分。

1)浇注系统

浇注系统又称流道系统,是将塑料熔体由注射机喷嘴引向型腔的一组进料通道,通常由主流道、分流道、浇口和冷料穴组成。它直接关系塑料制品的成型质量和生产效率。

2)主流道

它是模具中连接注塑机射嘴至分流道或型腔的一段通道。主流道顶部呈凹形以便与喷嘴衔接。主流道进口直径应略大于喷嘴直径(0.8 mm)以避免溢料,并防止两者因衔接不准而发生的堵截。进口直径根据制品大小而定,一般为4~8 mm。主流道直径应向内扩大呈3°~5°的角度,以便流道赘物的脱模。

3)冷料穴

它是设在主流道末端的一个空穴,用以搜集射嘴端部两次注射之间所产生的冷料,从而防止分流道或浇口的堵塞。

4)分流道

它是多槽模中连接主流道和各个型腔的通道。为使熔料以等速度充满各型腔,分流道在塑模上的排列应成对称和等距离分布。分流道截面的形状和尺寸对塑料熔体的流动、制品脱模和模具制造的难易都有影响。如果按相等料量的流动来说,则以圆形截面的流道阻力最小。但因圆柱形流道对分流道赘物的冷却不利,而且这种分流道必须开设在两半模上,既费工又不易对准。因此,经常采用的是梯形或半圆形截面的分流道,且开设在带有脱模杆的一半模具上。流道表面必须抛光以减少流动阻力提供较快的充模速度。流道的尺寸决定于塑料品种,制品的尺寸和厚度。对大多数热塑性塑料来说,分流道截面宽度均不超过8 mm,特大的可达10~12 mm,特小的为2~3 mm。在满足需要的前提下应尽量减小截面积,以增加分流道赘物和延长冷却时间。

5)浇口

它是接通主流道(或分流道)与型腔的通道。通道的截面积可以与主流道(或分流道)相等,但通常都是缩小的。所以它是整个流道系统中截面积最小的部分。浇口的形状和尺寸对制品质量影响很大。

6)调温系统

为了满足注射工艺对模具温度的要求,需要有调温系统对模具的温度进行调节。对于热塑性塑料用注塑模,主要是设计冷却系统使模具冷却。模具冷却的常用办法是在模具内开设冷却水通道,利用循环流动的冷却水带走模具的热量;模具的加热除可利用冷却水通道热水或蒸汽外,还可在模具内部和周围安装电加热元件。

7)成型部件

成型零件是指构成制品形状的各种零件,包括动模、定模和型腔、型芯、成型杆以及排气口等。成型部件由型芯和凹模组成。型芯形成制品的内表面,凹模形成制品的外表面形状。合模后型芯和型腔便构成了模具的型腔。按工艺和制造要求,有时型芯和凹模由若干拼块组合而成,有时做成整体,仅在易损坏、难加工的部位采用镶件。

8)排气口

它是在模具中开设的一种槽形出气口,用以排出原有的及熔料带入的气体。熔料注入型腔时,原存于型腔内的空气以及由熔体带入的气体必须在料流的尽头通过排气口向模外排出,否则将会使制品带有气孔、接不良、充模不满,甚至积存空气因受压缩产生高温而将制品烧伤。一般情况下,排气孔既可设在型腔内熔料流动的尽头,也可设在塑模的分型面上。后者是在凹模一侧开设深0.03～0.2 mm,宽1.5～6 mm的浅槽。注射中,排气孔不会有很多熔料渗出,因为熔料会在该处冷却固化将通道堵死。排气口的开设位置切勿对着操作人员,以防熔料意外喷出伤人。此外,亦可利用顶出杆与顶出孔的配合间隙,顶块和脱模板与型芯的配合间隙等来排气。

9)结构零件

它是指构成模具结构的各种零件,包括导向、脱模、抽芯以及分型的各种零件,如前后夹板、前后扣模板、承压板、承压柱、导向柱、脱模板、脱模杆及回程杆等。

①导向部件。为了确保动模和定模在合模时能准确对中,在模具中必须设置导向部件。注塑模通常采用四组导柱与导套来组成导向部件,有时还需在动模和定模上分别设置互相吻合的内、外锥面来辅助定位。

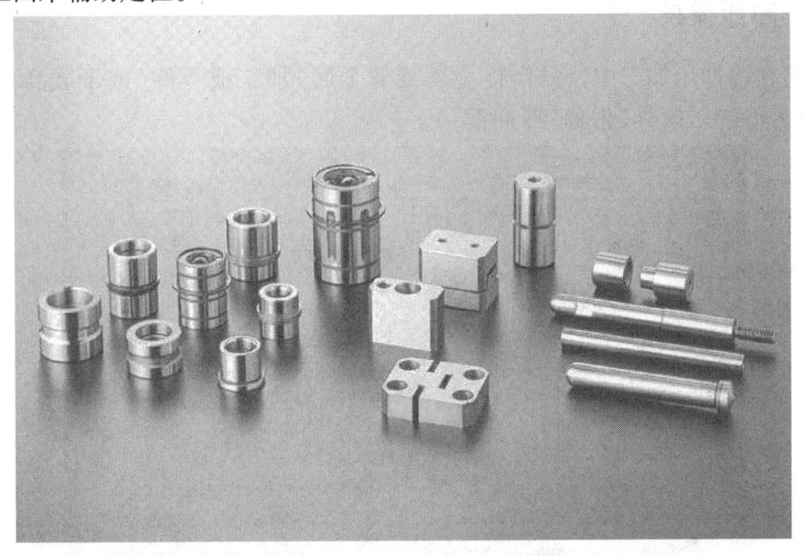

图4.4.7　塑料模导向零件

②推出机构。在开模过程中,需要有推出机构将塑料制品及其在流道内的凝料推出或拉出。推出固定板和推板用以夹持推杆。在推杆中一般还固定有复位杆,复位杆在动、定模合模时使推板复位。

③侧抽芯机构。有些带有侧凹或侧孔地塑料制品,在被推出以前必须先进行侧向分型,抽出侧向型芯后方能顺利脱模,此时需要在模具中设置侧抽芯机构。

图4.4.8　侧抽芯模具

4.4.2　冲压模具

冲压模是在冷冲压加工中，将材料（金属或非金属）加工成零件（或半成品）的一种特殊工艺装备，称为冷冲压模具（俗称“冷冲模”）。

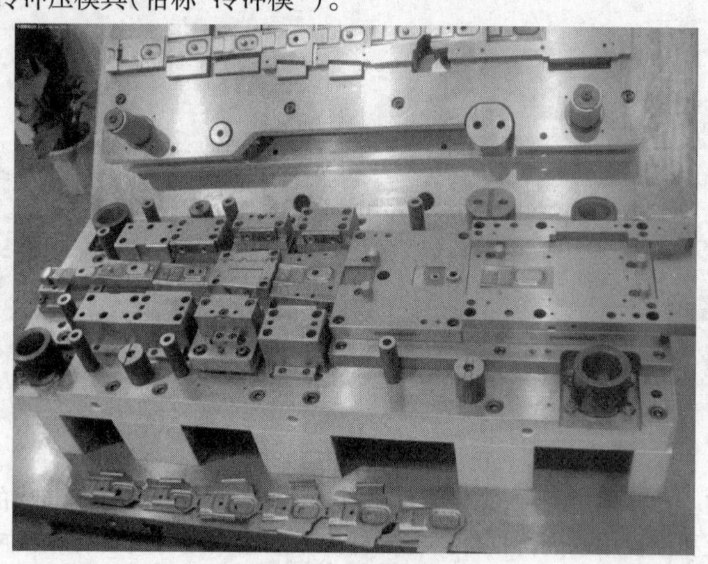

图4.4.9　多工位级进冲压模

(1)冲压原理

冲压是在常温下，利用冲压模在压力机上对材料施加压力，使其产生塑性变形或分离从而获得所需形状和尺寸的零件的一种压力加工方法。这种加工方法通常称为冷冲压。

冲压模具是冲压加工中将材料加工成工件或半成品的一种工艺装备，是工业生产的主要工艺装备。用冲压模具生产零部件可以采用冶金厂大量生产的轧钢板或钢带为坯料，且在生产中不需加热，具有生产效率高、质量好、质量轻、成本低的优点。在飞机、汽车、拖拉机、电

图4.4.10　普通冲压模

机、电器、仪器、仪表以及日用品中随处可见冷冲压产品,如不锈钢饭盒、餐盘、易拉罐、汽车覆盖件、子弹壳、飞机蒙皮等。据不完全统计,冲压件在汽车、拖拉机行业中约占60%,在电子工业中约占85%,而在日用五金产品中约占90%。

一个冲压件往往需要经过多道冲压工序才能完成。冲压件形状、尺寸精度、生产批量、原材料等的不同,其冲压工序也是多样的,大致可分为分离工序和成型工序两大类。

①分离工序:使冲压件与板料沿一定的轮廓线相互分离的工序。例如切断、冲孔、落料、切口、切边等。

②成型工序:材料在不破裂的条件下产生塑性变形,从而获得一定形状、尺寸和精度要求零件的工序。例如弯曲、拉深、翻边、胀形、整形等。

(2)冲压模的结构

尽管各类冲压模的结构形式和复杂程度不同,组成模具的零件又多种多样,但总是分为上模和下模。上模一般通过模柄固定在压力机的滑块上,并随滑块一起沿压力机导轨上下运动,下模固定在压力机的工作台上。冲压模的组成零件分类及作用如下:

1)工作零件

它是直接与冲压材料接触,对其施加压力以完成冲压工序的零件。冲模的工作零件包括凸模、凹模及凸凹模,又称为成型零件。它是冲模中最重要的零件。

2)定位零件

它是确定材料或工序件在冲模中的正确位置,使冲压件获得合格质量要求的零件。属于送进导向的定位零件有导料销、导料板、侧压板等;属于送料定距的定位零件有始用挡料销、挡料销、导正销、侧刃等;属于块料或工序件的定位零件有定位销、定位板等。

3)压料、卸料零件

这类零件起压料作用,并保证把卡在凸模上和凹模孔内的废料或冲压件卸掉或推(顶)出,以保证冲压工作能继续进行。

压料板的作用是防止坯料移动和弹跳。卸料板的作用是便于出件和清理废料。通常,卸料装置是指把冲压件或废料从凸模上卸下来;推件和顶件装置是指把冲压件或废料从凹模中卸下来。一般把装在上模内的称为推件,装在下模内的称为顶件。

4)导向零件

它的主要作用是保证凸模和凹模之间相互位置的准确性,保证模具各部分保持良好的运动状态,由导柱、导套、导板等组成。

5)支撑零件

它将上述各类零件连接和固定于一定的部位上,或将冲模与压力机连接。它是冲模的基础零件,主要包括上模座、下模座、固定板、垫板、模柄等。

6)紧固零件

它主要用于紧固、连接各冲模零件,如各种螺栓、螺钉、圆销等。上述导向零件和支撑零件组装后称为模架。模架是整副模具的骨架,模具的全部零件都固定在它上面,并且承受冲压过程中的全部载荷。模架的上模座通过模柄与压力机滑块相连,下模座用螺钉压板固定在压力机工作台面上。上、下模之间靠模架的导向装置来保持其精确位置,以引导凸模的运动,保证冲压过程中间隙均匀。模架及其组成零件已经标准化,并对其规定了一定的技术条件。

模架分为导柱模模架和导板模模架。应用最广的是用导柱、导套作为导向装置的模架。根据送料方式的不同,这种标准模架有后侧导柱模架、中间导柱模架、对角导柱模架和四导柱模架。设计模具时,按照凸、凹模的设计需要正确选用即可。模架的大小规格可直接由凹模的周界尺寸从标准中选取。

(3)冲压模的分类

冲压模具的形式很多,一般可按以下几个主要特征分类:

1)根据工艺性质分类

①冲裁模:沿封闭或敞开的轮廓线使材料产生分离的模具。如落料模、冲孔模、切断模、切口模、切边模、剖切模等。

②弯曲模:使板料毛坯或其他坯料沿着直线(弯曲线)产生弯曲变形,从而获得一定角度和形状的工件的模具。

③拉伸模:把板料毛坯制成开口空心件,或使空心件进一步改变形状和尺寸的模具。

④成形模:将毛坯或半成品工件按图凸、凹模的形状直接复制成形,而材料本身仅产生局部塑性变形的模具。如胀形模、缩口模、扩口模、起伏成形模、翻边模、整形模等。

2)根据工序组合程度分类

①单工序模:在压力机的一次行程中,只完成一道冲压工序的模具。

②复合模:只有一个工位,在压力机的一次行程中,在同一工位上同时完成两道或两道以上冲压工序的模具。

③级进模(也称连续模):在毛坯的送进方向上,具有两个或更多的工位,在压力机的一次行程中,在不同的工位上逐次完成两道或两道以上冲压工序的模具。

④传递模:综合了单工序模和级进模的特点,利用机械手传递系统,实现产品的模内快速传递,可以大大提高产品的生产效率,减低产品的生产成本,节省材料成本,并且质量稳定可靠。

任务4.5　包装基本知识

把手的支撑给处理

把手打磨处理

把手抛光处理

排插工件后处理

4.5.1　包装的定义

包装是为在流通过程中保护产品，方便储运，促进销售按一定技术方法而
采用的容器、材料及辅助物等的总体名称。也指为了达到上述目的而采容器、材料和辅助物的过程中施加一定方法等的操作活动。该定义包含有两重含义：其一是容器材料及辅助物，即为包装物；另一是实施盛装、封缄和包扎等的技术活动。包装具有三个基本功能：保护功能、便利功能和信息传递功能。

4.5.2　包装的分类

①按产品销售范围分，可分为内销商品包装、出口商品包装。内销商品包装和出口商品包装所起的作用基本是相同的，但因国内外物流环境和销售市场不相同，它们之间会存在差别。出口商品包装需满足出口所在国的包装要求，尤其木材、竹片的外包装，受到的出口限制较多。

②按包装形态分，有个包装、中包装和大包装等。个包装也称内包装或小包装，与产品接触的包装。中包装是为加强对商品的保护或便于计数，对商品进行的组合或套装，比如12瓶箱的啤酒、10包一条的烟、6听一捆的可乐。大包装也称外包装、运输包装，主要是加强商品在运输中的安全性，一般标明产品的型号、规格、尺寸、颜色、数量、出厂日期，再加上一些标记符号，如小心轻放、防火、防潮、堆压极限、有毒等。

③按包装制品材料分，有纸包装、塑料包装、金属包装、木质包装、玻璃包装和复合材料包装等。复合材料包装是指以两种或两种以上材料黏合制成的包装，亦称为复合包装。主要有纸与塑料、塑料与铝箔、塑料与木材、塑料与玻璃等材料制成的包装。

④按包装使用次数分，有一次性包装、可重复利用包装和配送（周转）包装等。配送包装是将销售包装集合在一起，便于搬运、物流管理及分销的一种包装。

⑤按包装容器的软硬程度分，有硬质包装和软包装等。硬质包装是在充填或取出内装物后，容器形状基本不发生变化，该容器一般用金属、木材、玻璃、陶瓷、纸板、硬质塑料等材料制成。软包装是在充填或取出内装物后，容器形状可发生变化的包装，该容器一般用纸、纤维制品塑料薄膜或复合包装材料制成。

⑥按产品种类分，有食品包装、药品包装、机电产品包装、危险品包装等。食品包装需要考虑密闭性，甚至采用真空包装。药品包装有时需要采用无菌包装（产品、包装容器、材料或包装辅助器材灭菌后，在无菌的环境中进行充填和封合）。机电产品包装、危险品包装需按有关法令标准和规定采用专门设计制作的包装容器和防护技术。

⑦按功能分，有运输包装、贮藏包装和销售包装等。运输包装以运输储存为主要目的，是

用于安全运输、保护商品的较大单元的包装形式,又称为外包装或大包装。例如,纸箱、木箱、桶、集合包装、托盘包装等。销售包装指一个商品为一个销售单元的包装形式,或若干个单体商品组成一个小的整体包装,亦称为个包装或小包装。销售包装的特点一般是包装件小,对包装的要求是美观、安全、卫生、新颖、易于携带,印刷装潢要求较高,具有保护、美化、宣传产品,促进销售的作用,也起着保护优质名牌商品以防假冒的作用。

⑧按包装技术方法分,有防震包装、防潮包装、防虫包装、防水包装、防锈包装、防霉包装、防辐射包装等。

⑨按包装结构形式分,有贴体包装、泡罩包装、捆扎包装、盘卷包装、热收缩包装、便携包装、托盘包装、组合包装等。便携包装是为方便携带装有提手或类似装置的包装。托盘包装是将包装件或产品堆码在托盘上,通过捆扎、裹包或胶粘等方法加以固定,形成一个搬运单元以便于搬运。

4.5.3 商品包装的要求

商品包装应遵循"科学、经济、牢固、美观、适销"的原则,一般有下列要求:

(1)商品包装应适应商品特性

商品包装必须根据商品的不同特性,分别采用相应的材料与技术处理,使包装完全符合商品理化性质的要求。轻工业商品包装不仅要注意保护商品,还需注意外观造型精美、别致,便于展销和使用方便。

(2)商品包装应适应运输条件

商品在流通过程中,要经过运输、装卸、储存等环节,易受到震动、冲击、压力、摩擦、高温、低温等各种外界因素的影响,而遭到破坏和损坏。要保护商品安全,就要求商品包装应具有一定的强度,且要坚实、牢固、耐用。对于不同的运输方式和运输工具,还应有选择地采用相应的包装容器和技术处理。整个包装要适应流通领域中的储存运输条件,满足运输、装卸、搬运、储存的强度要求。

(3)商品包装应标准化、通用化、系列化

商品包装必须推行标准化,即对商品包装的包装容量、包装材料、结构造型、规格尺寸印刷标志、名词术语、封装方法等加以统一规定,逐步形成系列化和通用化,以便有利于包装容器的生产,提高包装生产效率,简化包装容器的规格,节约原材料,降低成本,易于识别和计量,有利于保证包装质量和商品安全,有利于包装回收利用。

4.5.4 包装的材料

外包装材料一般采用含水量低的木板、型钢、胶合板(GB/T 24311—2009)、瓦楞纸板(GB/T 6544—2008)等。内包装材料一般采用泡沫塑料、瓦楞纸板、蜂窝纸板、纸浆模塑制品、气垫薄膜、发泡材料、填料等。

内包装的主要功能是为内装物提供固定和缓冲。合格的内包装可以保护易碎品,在运输期间避免受冲撞及震动,并能恢复原来形状以提供进一步的缓冲作用。

(1)泡沫塑料

作为传统的缓冲包装材料,发泡塑料具有良好的缓冲性能和吸振性能,有质量轻、保护性能好、适应性广等优点，广泛用于易碎品的包装上。特别是发泡塑料可以根据产品形状预制成所需的缓冲模块，应用起来十分方便。聚苯乙烯泡沫塑料曾经是最主要的缓冲包装材料。不过，传统的发泡聚苯乙烯的发泡剂含有会破坏大气臭氧层的“氟利昂”，加上废弃的泡沫塑料体积大、回收困难等原因，逐渐被发泡聚丙烯（PP）、发泡聚乙烯（PE 俗称“珍珠棉”）替代。发泡 PP 和发泡 PE 不使用“氟利昂”，具有很多与发泡聚苯乙烯相似的缓冲性能，属于软发泡材料，可以通过粘接组成复杂结构，是应用前景很好的一类新型缓冲材料，但其相对发泡聚苯乙烯来讲价格相对较高。

图4.5.1　聚苯乙烯泡沫塑料

图4.5.2　发泡 PP

图4.5.3　发泡 PE

(2)瓦楞纸板(图4.5.4)

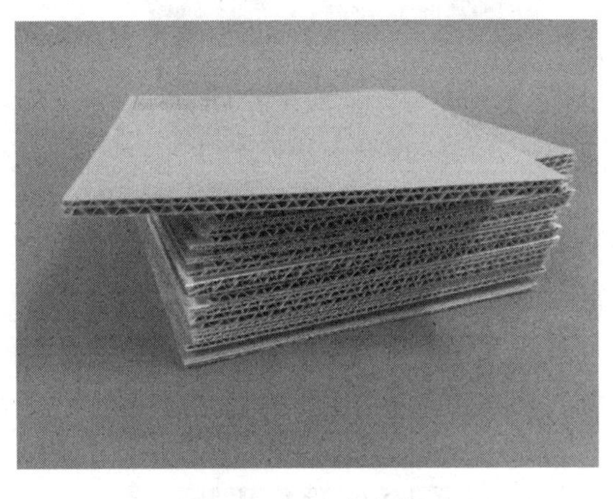

图4.5.4　瓦楞纸板

瓦楞纸板具有可折叠性、粘贴性，将其折叠为中空形式或多层折叠为不同形状可以有较好的缓冲作用，常用于产品的外包装及有缓冲作用的内包装，具有较好的加工性能，且回收后能反复使用，属于环保型包装材料，适用范围广。

(3)蜂窝纸板

蜂窝纸板具有承重力大、缓冲性好、不易变形、强度高、符合环保、成本低廉等优点。它可以代替发泡塑料预制成各种形状，适用于大批量使用的易碎品包装上，特别是体积大或较为家重的易碎品包装。

图4.5.5　蜂窝纸板

(4)纸浆模塑制品

它主要以纸张或其他天然植物纤维为原料，经制浆、模塑成型和干燥定型而成，可根据易碎品的产品外形、质量设计出特定的几何空腔结构来满足产品的不同要求。这种产品的吸附性好、废弃物可降解，且可堆叠存放，大大减少运输存放空间。但其回弹性差，防震性能较弱，不适用于体积大或较重的易碎品包装。

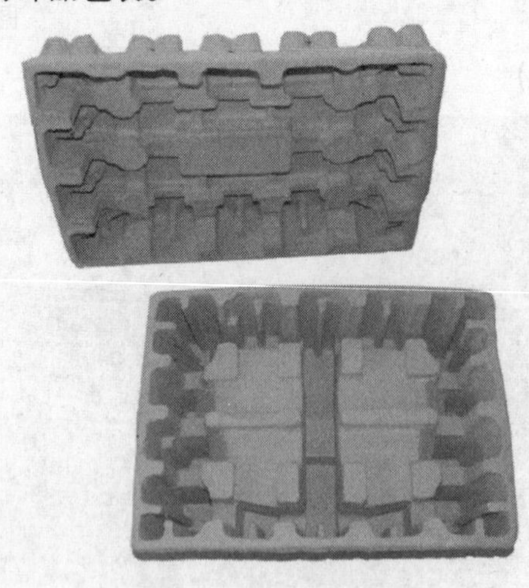

图4.5.6　纸浆模塑制品

(5)**气垫薄膜**

气垫薄膜也称气泡薄膜,是在两层塑料薄膜之间采用特殊的方法封入空气,使薄膜之间连续均匀地形成气泡。气泡有圆形、半圆形、钟罩形等形状。气泡薄膜对轻型物品能提供很好的保护作用。作为软性缓冲材料,气泡薄膜可被剪成各种规格,可以包装几乎任何形状或大小的产品。使用气垫薄膜时,要包多层以确保产品(包括角落与边缘)得到完整的保护。

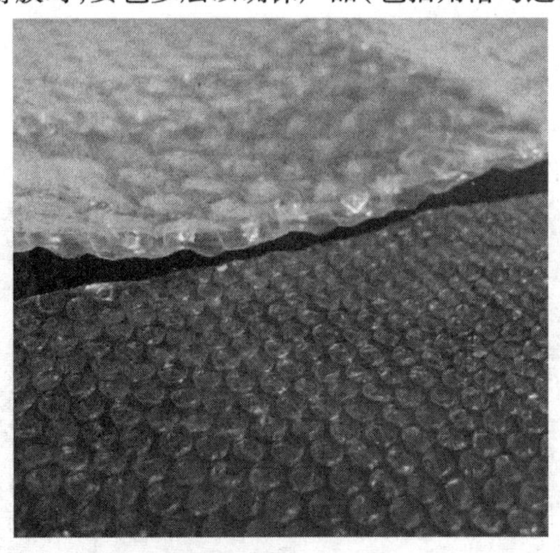

图4.5.7 气垫薄膜

气垫薄膜的缺点是易受其周围气温影响而膨胀和收缩。膨胀会导致外包装箱和被包装物的损坏,收缩则导致包装内容物的移动,从而使包装失稳,最终引起产品破损。而且其抗戳穿强度较差,不适合于包装带有锐角的易碎品。

(6)**泡沫填充剂**

聚氨酯泡沫塑料制品,可在内容物旁边扩张并形成保护模型,特别适用于小批量、不规则物品的包装。

图4.5.8 聚氨酯发泡剂

(7)填料

在包装容器中填充各种软质材料做缓冲包装的方法曾经广泛采用。材料有废纸、植物纤维、发泡塑料球等很多种。但是由于填充料难以填充满容器,对内装物的固定性能较差,而且包装废弃后,不便于回收利用,因此,这一包装形式逐渐被市场淘汰。

打包装

任务4.6　任务实施——工件清粉处理

步骤一:用刷子将工件上结块的粉末打散并去除,如图4.6.1所示。

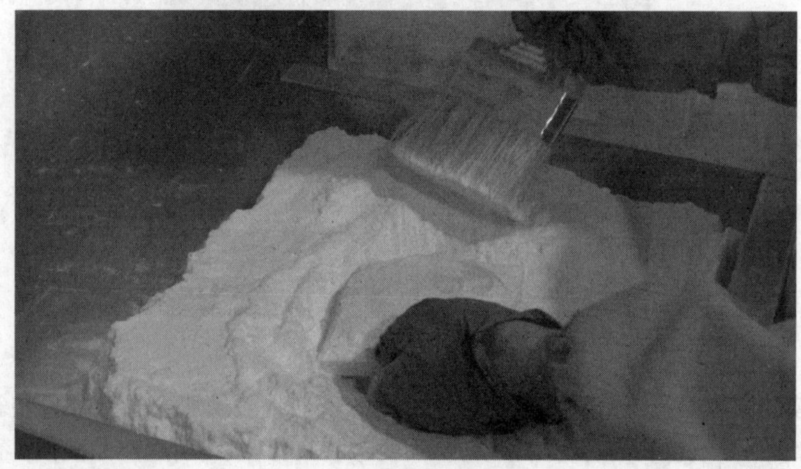

图4.6.1　去除结块粉末

步骤二:用毛刷将打散的粉末扫除,如图4.6.2所示。

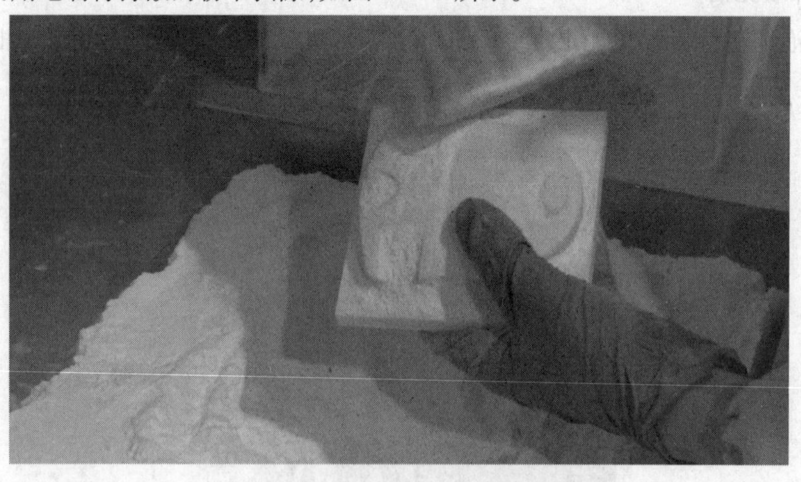

图4.6.2　清理打散后的粉末

任务4.7　任务实施——工件喷砂处理

步骤一:将工件放入喷砂机内进行喷砂处理,如图4.7.1所示。

图4.7.1　工件放入喷砂机

步骤二:利用喷砂处理将工件上的粉末清除,如图4.7.2所示。

图4.7.2　工件喷砂处理

步骤三:用水冲洗掉工件表面的粉末,如图4.7.3所示;使用刷子刷洗工件表面,如图4.7.4所示。

图4.7.3　冲洗工件

图 4.7.4　刷洗工件

步骤四:使用气动打磨机清理工件。气动打磨机如图 4.7.5 所示;气动布轮清理工件如图 4.7.6 所示。

图 4.7.5　气动布轮

图 4.7.6　气动布轮清理工件

任务4.8　任务实施——工件打磨处理

步骤一:用低目数的砂纸打磨工件表面,边打磨边沾水,如图4.8.1所示。

图4.8.1　粗砂纸打磨工件

步骤二:用高目数的砂纸打磨工件表面,边打磨边沾水,如图4.8.2所示。

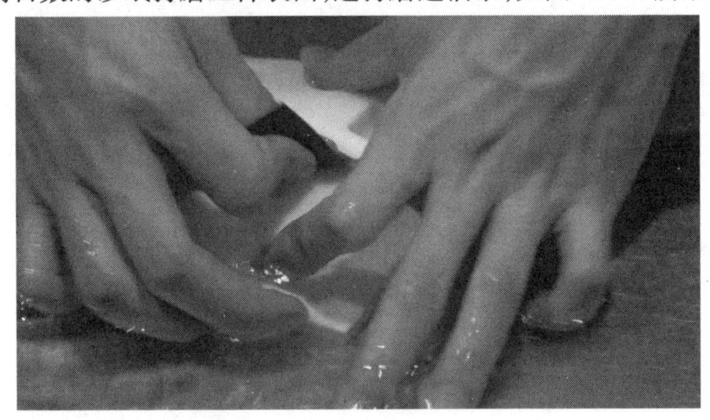

图4.8.2　细砂纸打磨工件

步骤三:打磨完成后使用清水清洗干净,如图4.8.3所示。

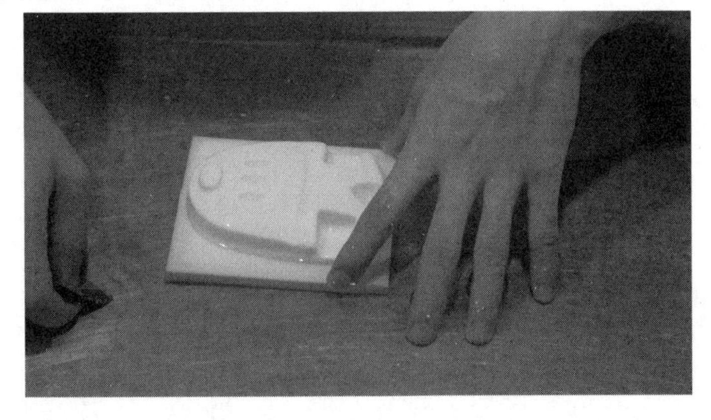

图4.8.3　清洗干净的工件

步骤四:用吹尘枪将工件表面的水分等吹除,如图4.8.4所示。

图4.8.4　气枪吹净工件

扫描项目单卡

训练一项目计划表

工序	工序内容
1	使用__________、__________对工件进行清粉处理。
2	使用__________、__________扫除附着粉末。
3	

训练一自评表

评价项目	评价要点	符合程度			备注
清粉操作	安全穿戴	□基本符合　□基本不符合			
	结块粉末打散	□基本符合　□基本不符合			
	打散粉末扫除	□基本符合　□基本不符合			
学习目标	工具的选择与使用	□基本符合　□基本不符合			
	粉末清理步骤	□基本符合　□基本不符合			
课堂6S	整理(Seire)	□基本符合　□基本不符合			
	整顿(Seition)	□基本符合　□基本不符合			
	清扫(Seiso)	□基本符合　□基本不符合			
	清洁(Seiketsu)	□基本符合　□基本不符合			
	素养(Shitsuke)	□基本符合　□基本不符合			
	安全(Safety)	□基本符合　□基本不符合			
评价等级	A	B	C		D

训练一小组互评表

序号	小组名称	计划制订（展示效果）			任务实施（作品分享）		评价等级			
		可行	基本可行	不可行	完成	没完成	A	B	C	D
1										
2										
3										
4										

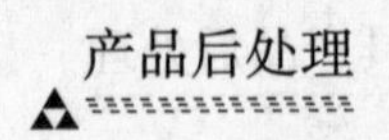

训练一教学老师评价表

小组名称	计划制订（展示效果）			任务实施（作品分享）	
	可行	基本可行	不可行	完成	没完成
评价等级：A□ B□ C□ D□			教学老师签名：______		

训练二项目计划表

工序	工序内容
1	工件放入______进行______处理。
2	工件使用______、______进行清洗。
3	

训练二自评表

评价项目	评价要点	符合程度		备注
喷砂操作	安全穿戴	□基本符合 □基本不符合		
	喷砂机设备操作	□基本符合 □基本不符合		
	工件冲洗	□基本符合 □基本不符合		
学习目标	喷砂机操作技巧	□基本符合 □基本不符合		
	喷砂清理步骤	□基本符合 □基本不符合		
课堂6S	整理（Seire）	□基本符合 □基本不符合		
	整顿（Seition）	□基本符合 □基本不符合		
	清扫（Seiso）	□基本符合 □基本不符合		
	清洁（Seiketsu）	□基本符合 □基本不符合		
	素养（Shitsuke）	□基本符合 □基本不符合		
	安全（Safety）	□基本符合 □基本不符合		
评价等级	A	B	C	D

训练二小组互评表

序号	小组名称	计划制订（展示效果）			任务实施（作品分享）		评价等级			
		可行	基本可行	不可行	完成	没完成	A	B	C	D
1										
2										
3										
4										

训练二教学老师评价表

小组名称	计划制订（展示效果）			任务实施（作品分享）	
	可行	基本可行	不可行	完成	没完成
评价等级：A□ B□ C□ D□				教学老师签名：________	

训练三项目计划表

工序	工序内容
1	使用________、________、________对工件进行打磨处理。
2	使用________、________对工件进行清洗、吹干。
3	

训练三自评表

评价项目	评价要点	符合程度			备注
喷砂操作	砂纸的选择	□基本符合　□基本不符合			
	打磨均匀	□基本符合　□基本不符合			
	吹尘枪清理工件	□基本符合　□基本不符合			
学习目标	打磨手法	□基本符合　□基本不符合			
	打磨步骤	□基本符合　□基本不符合			
课堂6S	整理（Seire）	□基本符合　□基本不符合			
	整顿（Seition）	□基本符合　□基本不符合			
	清扫（Seiso）	□基本符合　□基本不符合			
	清洁（Seiketsu）	□基本符合　□基本不符合			
	素养（Shitsuke）	□基本符合　□基本不符合			
	安全（Safety）	□基本符合　□基本不符合			
评价等级	A	B	C	D	

训练三小组互评表

<table>
<tr><th rowspan="2">序号</th><th rowspan="2">小组名称</th><th colspan="3">计划制订
（展示效果）</th><th colspan="2">任务实施
（作品分享）</th><th colspan="4">评价等级</th></tr>
<tr><th>可行</th><th>基本可行</th><th>不可行</th><th>完成</th><th>没完成</th><th>A</th><th>B</th><th>C</th><th>D</th></tr>
<tr><td>1</td><td></td><td></td><td></td><td></td><td></td><td></td><td></td><td></td><td></td><td></td></tr>
<tr><td>2</td><td></td><td></td><td></td><td></td><td></td><td></td><td></td><td></td><td></td><td></td></tr>
<tr><td>3</td><td></td><td></td><td></td><td></td><td></td><td></td><td></td><td></td><td></td><td></td></tr>
<tr><td>4</td><td></td><td></td><td></td><td></td><td></td><td></td><td></td><td></td><td></td><td></td></tr>
</table>

训练三教学老师评价表

<table>
<tr><th rowspan="2">小组名称</th><th colspan="3">计划制订
（展示效果）</th><th colspan="2">任务实施
（作品分享）</th></tr>
<tr><th>可行</th><th>基本可行</th><th>不可行</th><th>完成</th><th>没完成</th></tr>
<tr><td></td><td></td><td></td><td></td><td></td><td></td></tr>
<tr><td colspan="4">评价等级：A□ B□ C□ D□</td><td colspan="2">教学老师签名：________</td></tr>
</table>

4.9.2 小结

简易模具产品采用SLS工艺制造。SLS工艺设备在运行时,高温、环境粉尘较多,在进行后处理前,一定要按照标准穿戴进行准备,以免因接触打印原料粉末导致患有尘肺等职业病。同时,设备在未完全冷却时需小心操作,以免烫伤。

本项目介绍简易模具产品后处理整个工艺流程涉及的知识、技能,包括产品清粉、产品打磨、喷砂等,重点是喷砂、打磨。因简易模具产品为展会展品,对表面粗糙度等方面要求较高,需特别注意。本项目学习需理论知识与实践结合,不断训练、不断提高操作技能并总结经验。

4.9.3 拓展训练

(1)填空题

①产品清粉一般先________________,再用________________。

②产品清粉完成之后一般需要________________、________________。

③根据产品材料不同,喷砂处理的磨料一般使用________________、________________、________________、________________。

④丝印工艺一般由________________、________________组成。

⑤丝印油墨一般有:______________、______________、______________、________________、________________、________________、________________、________________等。

⑥SLS工艺设备的附属设备一般有:________________、________________、________________、________________。

(2)简答题

①丝印工艺的工艺流程是怎样的?

②SLS工艺设备的维护保养要求有哪些?

③模具主要结构有哪些?

④SLS工艺的安全穿戴标准是什么?

(3)实训

根据本项目内容,制订一个简易模具产品的后处理工艺流程,并应用相关知识和技能进行后处理操作。

项目5

汽车把手产品后处理

任务5.1 项目内容

某汽车公司为了回馈客户欲推出一款汽车定制配件的活动，为了增加对客户的吸引力，想采用高新技术去定制，经过讨论，打算选择通过3D打印技术来定制配件。考虑到要投入实际应用中，最终选择SLM工艺来完成定制配件的制造。该公司委托学校打印出了SLM样品件，但打印出来的工件还不能用于实际应用中。因此学校还要对工件进行处理，才能达到产品的应用要求。

5.1.1 内容简介

根据工艺文件上的产品性能指标，对使用SLM工艺制造的汽车把手产品进行后处理。后处理主要工序为：拆卸工件→清理支撑→打磨工件→抛光工件。在完成后处理各个工序后，还需要对产品进行合格性检验，保证汽车把手产品的各项指标达到要求。

5.1.2 要求

①拆卸工件：使用锤子、凿子、剪钳从成型基板上拆卸工件时，需要注意不要损伤工件和成型基板。

②清理支撑：使用剪钳等工具清理支撑时，需要注意不要损伤工件表面。

③打磨工件：使用打磨机、砂纸、锉刀等打磨工件时，需注意外表面均需打磨至表面光滑。

④抛光工件：使用抛光轮、抛光膏抛光时，需要注意抛光膏要适量。

完成以上工序后进行检验，主要包含：

①尺寸：使用游标卡尺、千分尺等量具检验产品关键尺寸，该尺寸误差必须在工艺文件规定范围内。

②外形：对比3D模型图档，不能有变形等缺陷。

③外表面：表面需光滑，符合工艺文件相关要求。

5.1.3　需求分析

在本项目中,公司需要制造的产品为一个简易模具产品,生产批量为单件生产,生产出来的该简易模具产品主要用途是作为展会展品展览用。在此条件下,使用SLM工艺制造该简易模具产品时,在进行后处理时,需特别注意表面质量。

在快速制造技术中,直接使用相关工艺制造出来的产品往往是无法满足工艺文件要求的,为了达到工艺文件的要求,就需要进行产品的后处理,良好的后处理,在快速制造技术中非常重要,而该简易模具产品,使用SLM工艺制造出来后,由于作为展览之用,因此简易模具产品后处理时,表面要求会比较高。

5.1.4　产品后处理前后对比

图5.1.1　产品后处理前

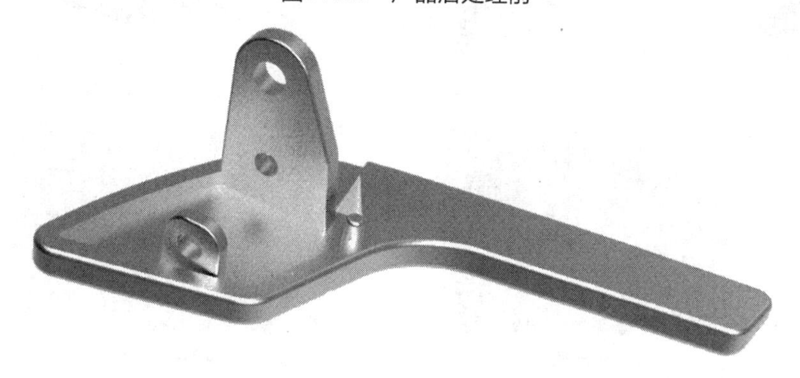

图5.1.2　产品完成后处理

5.1.5　任务目标

(1)能力目标

①能够完成前期处理操作;

②能够完成中期处理操作;

③能够完成后期处理操作。

(2)知识目标

①了解SLM后处理操作要点;

②了解SLM后处理使用的工具;

③了解 SLM 后处理操作流程。

(3)素质目标

①具有严谨求实精神；

②具有团队协同合作能力；

③能大胆发言，表达想法，进行演说；

④能小组分工合作，配合完成任务；

⑤具备 6S 职业素养。

任务 5.2 选择性激光熔融成型(SLM)后处理准备工作

5.2.1 工具与材料的准备

本项目中 SLM 工艺后处理，针对后处理工艺中拆支撑、打磨、抛光等工序中所需准备的工具和材料如图 5.2.1 所示。

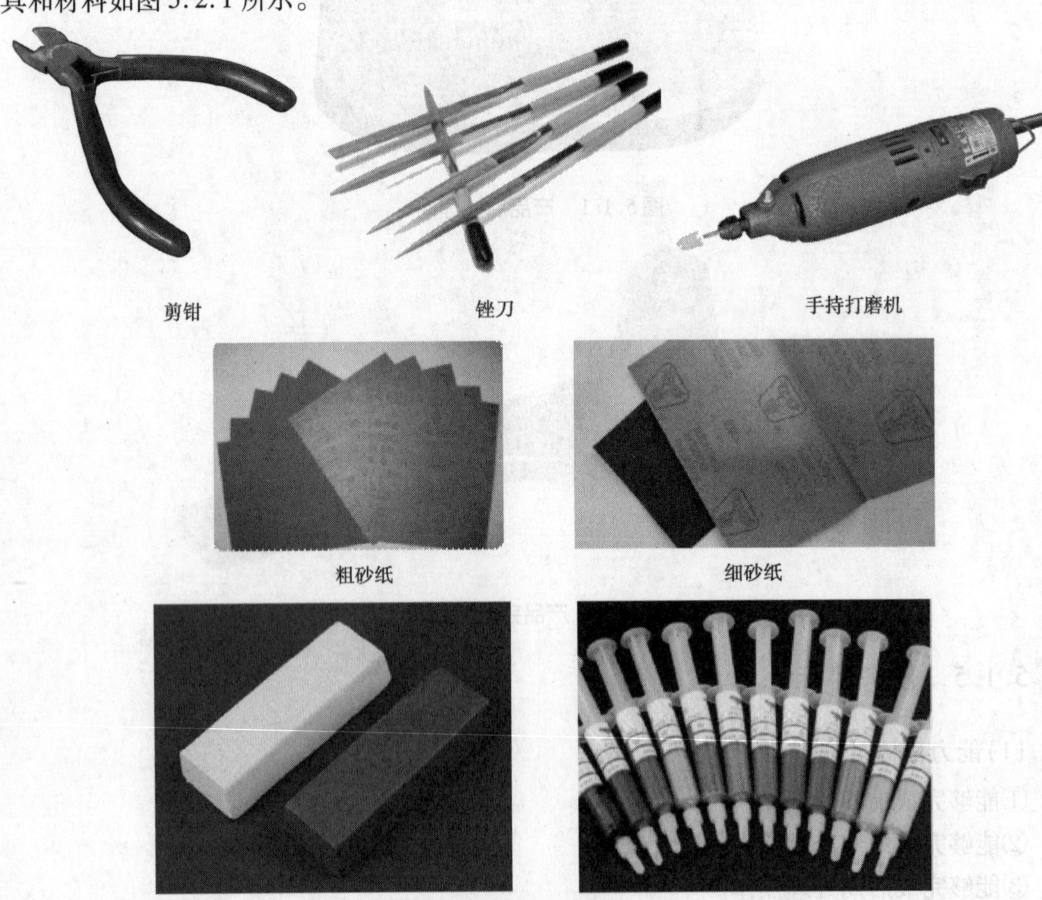

图 5.2.1 SLM 工具与材料

5.2.2　工作场合的准备工作

①良好的自然光照,便于观察色度。
②良好的通风、换气保障,除尘设备正常。
③干净的工作台。
④正常的工作灯源。
⑤工作准备齐全。
⑥个人保护设施得当。

5.2.3　手板零件准备工作

(1)手板零件缺陷常见的问题

①针孔、气孔;
②毛刺、飞边;
③磕碰、划伤;
④崩角、塌角;
⑤砂眼、裂纹;
⑥磨损、内陷、鼓包;
⑦制造错误、制造缺陷、连接缺陷。

(2)手板零件易产生缺陷的部位

①尖角、锐边;
②沟槽、侧壁;
③底部、深腔;
④平面、分型。

5.2.4　操作者准备工作

①工作前认真检查来件外观表面是否有磕碰、麻点、凹坑,其缺陷深度是否通过打磨方法可以去除,发现问题及时记录,以便在编制打磨工艺时,提醒加强点的处理力度。

②正确选择砂纸或砂条,正确选用机用百叶片的种类和抛光轮的目数。

③按零件处理量,准备好足够的砂纸和其他后处理所需的工具、耗材。

④工作前应保证打磨设备处于良好状态,周围无障碍物,周围无易燃烧物,检查后再开机。

⑤检查电源线有无破损,试运行。

⑥在打磨过程中要轻拿、轻放,避免零件表面的划伤、磕碰、滑落。

⑦相关的检验、检查工具一一对应。

5.2.5　后处理操作规范

(1)后处理前

①在进行后处理前,根据SLM安全穿戴规范,戴好口罩,手套。

②在进行后处理前,根据需要进行的后处理工序准备好相应的工具、材料,根据个人习惯在后处理工作台上摆放好,备用。

③在进行后处理前,核对需进行后处理的工件数量、状态。

④在进行后处理前,确认需进行后处理的产品的相关工艺文件及上面的工艺要求,做到心中有数,避免出现疏忽、造成返工等浪费。

(2)后处理时

①在进行后处理时,随时保持后处理工作台、所用到的各种设备及其周围的清洁卫生,工具随时归位。

②在进行后处理时,注意使用设备的安全警示,做到按章操作,不要违章操作,避免出现工伤事故,保证人身安全。

③在进行后处理时,严格遵循工艺文件的技术要求,每完成一道工序,及时进行检验,出现不合格的情况时,及时进行补救,避免浪费。

(3)后处理后

①在完成后处理后、交付产品前需要进行检验,保证产品符合工艺文件要求。

②在完成后处理后,整理工作台、所用设备、所用工具、剩余材料,处理进行后处理时产生的垃圾,进行各种整理需依照6S管理要求进行。

5.2.6 后处理流程

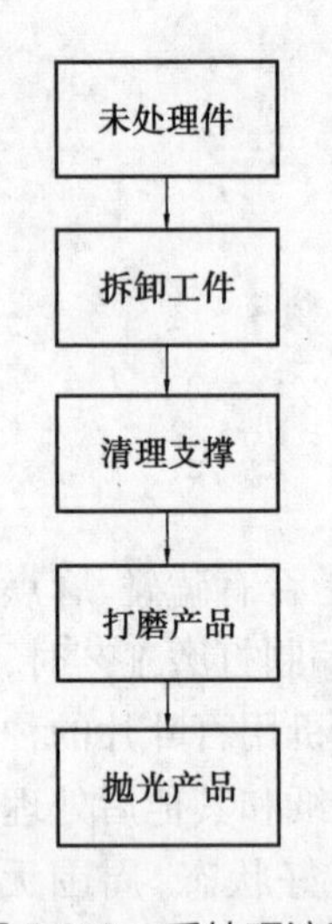

图5.2.2 后处理流程

任务5.3 电镀

5.3.1 电镀前的表面平整

作为金属镀层,无论其使用目的和使用场合如何,都应该满足以下要求:镀层致密无孔,厚度均匀一致,镀层与基体结合牢固。实践表明,电镀前的基体表面状态和清洁程度是保证镀层质量的先决条件。如果基体表面粗糙、锈蚀或有油污存在,将不会得到光亮、平滑、结合力强和耐蚀性高的镀层。电镀层脱皮、起泡和耐蚀性差等现象,80%以上是由于前处理工序中存在问题。因此,为保证镀层质量,必须加强镀前处理过程。金属制品镀前预处理工艺,常用的可以分为以下几类:

①机械处理,是对粗糙表面进行机械整平,包括磨光、机械抛光、滚光、喷砂等。

②化学处理,包括除油与侵蚀,使零件表面与适当的溶液接触进行化学反应,除去零件表面的油污、锈蚀产物及氧化皮。

③电化学处理,是用通电的方法强化化学除油和侵蚀过程。

④超声波处理,是在超声波场作用下进行的除油或清洗过程,主要用于形状复杂或对表面处理要求极高的零件。

除去制品表面上的毛刺、砂眼、焊疤、划痕、腐蚀斑、氧化皮以及各种宏观缺陷,使金属表面光滑平整。磨光是在粘有磨料的磨轮上进行的。

5.3.2　电镀前的除油处理

黏附在制品表面的油污,按其化学性质可以分为两大类,一类是皂化油,包括动物油和植物油。这些油能与碱发生皂化反应,生成能溶于水的肥皂,故称皂化油。另一类是非皂化油,它们与碱不发生皂化反应,如机油、柴油、凡士林、石蜡等。

常用有机溶剂除油方法:

(1)浸洗法

该方法是将零件浸泡在有机溶剂中,通过不断搅拌,使油脂被溶解并带走不溶解的污物。各种有机溶剂都可用作除油剂。

(2)喷淋法

此法是将有机溶剂喷淋到零件表面上,使油脂被溶解下来,反复喷淋,直到所有油污都除净为止。除沸点低的有机溶剂外,其余溶剂都可用于喷淋除油。喷淋除油最好在密封容器内进行。

(3)蒸气洗法

此法是将有机溶剂装在密闭容器底部,工件悬挂在有机溶剂上面。

5.3.3　电镀前的侵蚀处理

侵蚀是将金属零件浸入含有酸、酸性盐和缓蚀剂的侵蚀液中,利用侵蚀液对金属表面的氧化物的溶解作用,除去金属零件表面上的氧化皮、锈蚀产物及钝化薄膜等,使基体金属表面裸露,改善镀层与基体的结合力和外观。这个过程称为侵蚀或酸洗。按其性质,可分为化学侵蚀和电化学侵蚀两大类。按其用途,又可分为一般侵蚀、强侵蚀、光亮侵蚀和弱侵蚀等几种。

①一般侵蚀:能去除金属部件表面上的氧化皮和锈蚀产物即可。

②强侵蚀:一般侵蚀难以达到目的时,采用浓度比较高的强侵蚀,在一定温度下,溶去表面较厚的氧化皮和锈蚀产物。

③光亮侵蚀:溶解金属部件上的薄层氧化膜,去除侵蚀残渣和挂灰,并提高零部件的表面

光洁度。光亮侵蚀和化学抛光没有严格的界限,化学抛光溶液一般都能用于光亮侵蚀。

④弱侵蚀:金属部件一般在进行强侵蚀或一般侵蚀后,进入电镀槽之前进行弱侵蚀,主要用于溶解零部件表面上的钝化膜,使表面活化,以保证镀层与基体金属的牢固结合。

5.3.4 电镀前的中间预处理

为得到结合力良好的镀层,可根据镀层的不同,将铝及铝合金表面清理干净后,进行浸锌、浸合金、磷酸阳极化或盐酸预侵蚀。

5.3.5 镀锌工艺

(1)氨三乙酸—氯化铵镀锌

氨三乙酸—氯化铵镀锌溶液呈弱酸性,这种镀液的主要特点是无氰。镀液的分散能力和覆盖能力较好,镀层比较光亮,成本较低。缺点是镀液对钢铁设备腐蚀严重;镀锌层钝化膜易变色,夏天镀液内的锌离子急剧升高,使镀层粗糙,冬天氯化铵结晶影响正常生产。本工艺最大的弱点是铵离子的存在,使废水处理变得困难。

图5.3.1　镀锌铁管

(2)碱性锌酸盐镀锌

碱性锌酸盐镀锌电镀液,是由氧化锌、氢氧化钠和少量的表面活性剂及光亮剂组成的。这种电液的优点是:①电镀液成分简单,工艺范围较宽,分散能力和覆盖能力好,镀层结晶细致有光泽。②电液对设备腐蚀性小,废水处理比较容易无毒。缺点是镀层较厚时脆性大,添加电液比例不当时,易产生层起泡现象。尽管如此,碱性锌酸盐锌在目前应用仍比较广泛。

(3)氯化钾镀锌

氯化钾镀锌的工艺优点:无氰,镀液成分简单、稳定,成本低,电流效率高,沉积速度快;生产效率高,适于铸件、高碳钢零件电镀,镀层光亮细致,整体性好。缺点:镀液对钢铁设备有腐蚀,彩色钝化膜易变色,抗盐雾性能不如碱性镀锌层。

(4)钝化处理

将镀锌后的工件在镀液中的适当条件下进行化学处理,使镀锌层表面形成一层致密的、化学稳定性较高的膜,这种工艺称为钝化处理。形成的膜叫作钝化膜。钝化膜不仅提高抗蚀能力,而且使表面更加光亮美观。

5.3.6　镀镍工艺

镀镍电镀液根据其主盐的含量不同,可分为低氯化物硫酸盐、高氯化物硫酸盐、全氯化物及柠檬酸盐等电解液。其中,应用最普遍的是低氯化物硫酸盐电镀液,它的优点是镀液稳定性较高,容易控制,成本较低,对设备腐蚀较小。

5.3.7　镀锡工艺

锡镀层化学稳定性较高,与硫及硫化物几乎不起反应,在稀硫酸、硝酸、盐酸溶液中几年不溶解,可溶于热的浓酸和强碱溶液,可应用于防护、焊接、减磨、热加工和食用器具等方面。常用的镀锡工艺方法有碱性镀锡和酸性镀锡。

图5.3.2　镀镍产品

图5.3.3　镀铬产品

5.3.8　镀铬工艺

铬镀层硬度很高,布氏硬度(HB)为1 000～1 100,超过淬火钢,仅次于金刚石。其耐磨性好,耐热性较好,在450～500 ℃时才开始在其表面氧化变色。颜色随工艺条件不同,镀铬层呈荧光的银白色、防反光的黑色、乳白色和灰白色,反光能力强,抗变色能力好。镀铬层可分为防护装饰铬、硬铬、乳白铬、黑铬、松孔铬等。

①防护装饰铬:镀层具有良好的装饰性和耐磨性,广泛用于日用五金和家用电器、汽车、自行车、仪器、仪表。

②硬铬:具有硬度高及耐磨的优点,广泛应用于承受磨损的工具和机器零件,如工模、量具、卡具、切削刀及易磨损零件(曲轴和辊类),能延长使用寿命。

③松孔镀铬:具有保持润滑的特性,可用于保持润滑油的耐磨表面(如缸套)。

④乳白镀铬:耐温极高(300～600 ℃),孔隙少,抗腐蚀能力强,可用于量具和分度盘。

⑤黑镀铬:具有消光作用,用于光学器械。

5.3.9 电镀贵金属

(1)镀银

银是一种白色光亮、可锻、可塑及具有反光能力的金属,具有良好的导电性和铆焊性。银的化学稳定性好,水和大气中的氧对其不起作用,可溶于硝酸,微溶于硫酸,对于冷的盐酸、大多数有机酸以及所有的盐溶液具有良好的化学稳定性。但银遇到硫及硫化物时,表面易变色,形成褐色至黑色的硫化银,会降低反光、导电、铆焊的能力及外观的质量。金属银属于贵金属,价格非常昂贵,所以,不适于做防护镀层,一般应用在电气、邮电、航空、仪器、仪表、无线电工业以改善导电零件的电接触性能。近年来,随着人们生活水平的不断提高,为满足人们的需求,装饰镀银范围不断扩大,如各种工艺品、家庭用具和餐具等。目前在生产中,应用较广泛的有氯化镀银、硫代硫酸盐镀银,其中,氰化镀银应用最广。

(2)镀金

金镀层耐腐蚀性强,有良好的抗变色能力,其合金镀层有多种颜色。随着电子技术和航天科学的发展,具有较低的接触电阻、导电性好、易于爆接、耐高温并有一定的时性金(指硬金)及金合金,被广泛用于精密仪器仪表印制版、集成电路电接点等。常用的镀金溶液有碱性氰化物镀液,酸性和中性镀液,亚硫酸盐和柠檬酸盐等。

图 5.3.4 镀金产品

任务 5.4 金属热处理工艺

金属热处理是将金属工件放在一定的介质中加热到适宜的温度,并在此温度中保持一定时间后,又以不同速度在不同的介质中冷却,通过改变金属材料表面或内部的显微组织结构来控制其性能的一种工艺。

5.4.1 热处理的三个阶段

最基本的热处理工艺曲线如图 5.4.1 所示。

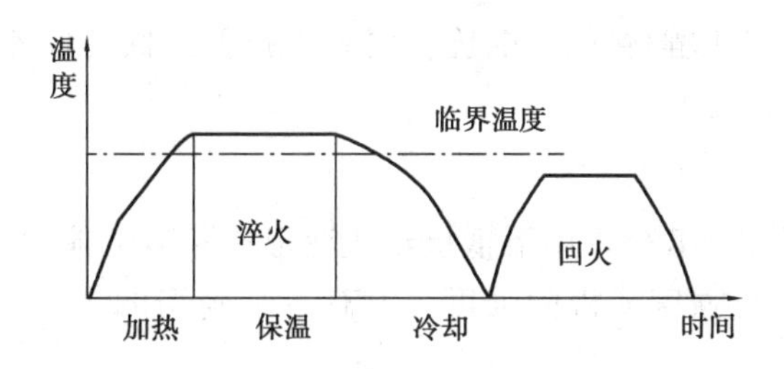

图5.4.1　热处理工艺曲线示意图

热处理通常与增加材料强度有关,但它也可用于改变某些可制造性目标,例如改善加工,改善可成形性,在冷加工操作后恢复延展性。因此,它是一种非常有利的制造工艺,不仅可以帮助其他制造工艺,还可以通过增加强度或其他所需特性来改善产品性能。

5.4.2　常见的热处理

常见的热处理工艺可分为普通热处理和表面热处理两大类。

(1)普通热处理

普通热处理包括退火、正火、淬火和回火。

①退火。退火是将钢件加热,保温后以极缓慢的速度冷却的一种热处理工艺。退火的目的:降低硬度,以利于切削加工;细化晶粒,改善组织,提高力学性能;消除内应力,为下一道淬火工序做好准备;提高金属的塑性和韧性,便于进行冷冲压或冷拉拔加工。

②正火。正火是将钢件加热,保温后在空气中冷却的热处理工艺。

正火的作用与完全退火相似,两者的主要差别是冷却速度。退火的冷却速度慢,获得珠光体组织;正火冷却速度快,得到的是索氏体组织。

(2)表面热处理

表面热处理包括表面淬火、渗碳、渗氮和碳氮共渗等。其中,渗碳、渗氮和碳氮共渗又称为化学热处理。钢铁整体热处理大致有退火、正火、淬火和回火四种基本工艺。

①淬火:将钢加热至AC3线或AC1线以上的某一温度,保温一定时间使之奥氏体化,迅速冷却,从而获得马氏体组织的工艺。

②回火:将经过淬火的工件加热到临界点AC1以下的适当温度保持一定时间,随后用符合要求的方法冷却,以获得所需要的组织和性能的热处理工艺。

③钢的碳氮共渗:向钢的表层同时渗入碳和氮的过程。习惯上,碳氮共渗又称为氰化,以中温气体碳氮共渗和低温气体碳氮共渗(即气体软氮化)应用较为广泛。中温气体碳氮共渗的主要目的是提高钢的硬度、耐磨性和疲劳强度。低温气体碳氮共渗以渗氮为主,其主要目的是提高钢的耐磨性和抗咬合性。

④调质:为了获得一定的强度和韧性,把淬火和高温回火结合起来的工艺。

5.4.3　金属材料的力学性能指标

(1)脆性

脆性是指材料在损坏之前没有发生塑性变形的一种特性。它与韧性和塑性相反。脆性材料没有屈服点,有断裂强度和极限强度,并且二者几乎一样。铸铁、陶瓷、混凝土及石头都是脆性材料。与其他许多工程材料相比，脆性材料在拉伸方面的性能较弱，对脆性材料通常采用压缩试验进行评定。

(2)强度

强度是指金属材料在静载荷作用下抵抗永久变形或断裂的能力，同时，它也可以定义为比例极限、屈服强度、断裂强度或极限强度。没有一个确切的单一参数能够准确定义这个特性。

①弹性极限。金属材料受外力（拉力）到某一限度时，若除去外力，其变形（伸长）即消失而恢复原状，弹性极限即指金属材料抵抗这一限度的外力的能力，如果继续使用拉力扩大，就会使这个物体产生塑性变形，直至断裂（拿圆棒拉伸试样来说，随着拉力增加，圆棒样产生弹性变形；拉力超过弹性极限，圆棒样开始发生颈缩现象；拉力继续增加直至抗拉极限，圆棒样断裂）。

②屈服强度。金属材料发生屈服现象时的屈服极限，也就是抵抗微量塑性变形的应力。对于无明显屈服现象出现的金属材料，规定以产生0.2%残余变形的应力值作为其屈服极限，称为条件屈服极限或屈服强度。

大于屈服强度的外力作用，将会使零件永久失效，无法恢复。如低碳钢的屈服极限为207 MPa，在大于此极限的外力作用之下，零件将会产生永久变形；在小于此极限的外力作用下，零件还会恢复原来的样子。

③抗拉强度。抗拉强度是金属由均匀塑性形变向局部集中塑性变形过渡的临界值，也是金属在静拉伸条件下的最大承载能力。

④弹性模量。一般地讲，对弹性体施加一个外界作用力，弹性体会发生形状的改变（称为“形变”），“弹性模量”的一般定义：单向应力状态下应力除以该方向的应变。

(3)塑性

塑性是指金属材料在载荷作用下产生永久变形而不破坏的能力。塑性变形发生在金属材料承受的应力超过弹性极限并且载荷去除之后，此时材料保留了一部分或全部载荷时的变形。

(4)硬度

硬度是指材料抵抗硬物的能力。有洛氏硬度、布氏硬度、维氏硬度、里氏硬度、肖氏硬度、巴氏硬度、韦氏硬度之分。

(5)韧性

韧性是指金属材料在拉应力的作用下，在发生断裂前有一定塑性变形的特性。金、铝、铜是韧性材料，它们很容易被拉成导线。

(6)延展性

延展性是指材料在拉应力或压应力的作用下，材料断裂前承受一定塑性变形的特性。塑性材料一般使用轧制和锻造工艺。钢材既是塑性的也是具有延展性的。

(7)刚性

刚性是金属材料承受较高应力而没有发生很大应变的特性。刚性的大小通过测量材料的弹性模量E来评价。

(8)屈服点或屈服应力

屈服点或屈服应力是金属的应力水平,用 MPa 度量。在屈服点以上,当外来载荷撤除后,金属的变形仍然存在,金属材料发生了塑性变形。

任务5.5　线切割

5.5.1　线切割机床分类

(1)低速走丝线切割机

电极丝以铜线作为工具电极,一般以低于0.2 mm/s 的速度做单向运动,在铜线与铜、钢或超硬合金等被加工物材料之间施加60~300 V 的脉冲电压,并保持5~50 μm 间隙,间隙中充满脱离子水(接近蒸馏水)等绝缘介质,使电极与被加工物之间发生火花放电,并彼此被消耗、腐蚀,在工件表面上电蚀出无数的小坑,通过 NC 控制的监测和管控。其精度可达0.001 mm 级,表面质量也接近磨削水平。电极丝放电后不再使用,而且采用无电阻防电解电源,一般均带有自动穿丝和恒张力装置。工作平稳、均匀、抖动小、加工精度高、表面质量好,但不宜加工大厚度工件。由于机床结构精密,技术含量高,机床价格高,因此使用成本也高。

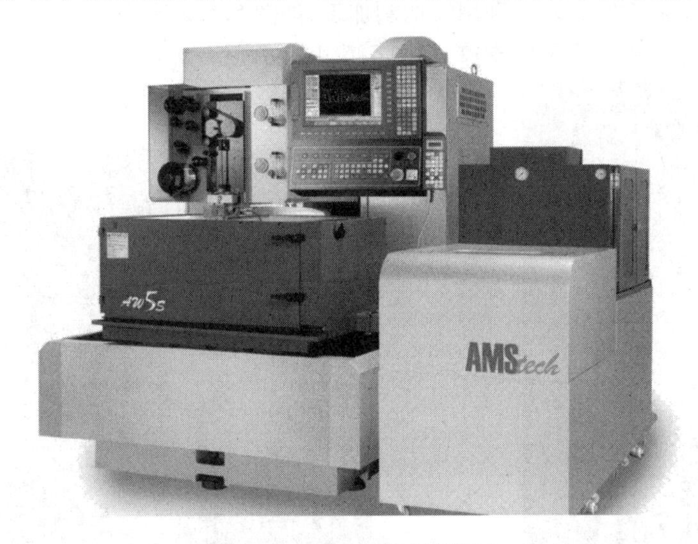

图5.5.1　慢走丝线切割机床

(2)快走丝线切割机

快走丝是电火花线切割的一种,也叫高速走丝电火花线切割机床(WEDM-HS)。

5.5.2　操作规程

①检查电路系统的开关旋钮,开启交流稳压电源,先开电源开关,后开高压开关,5 min 后方可与负线连接。

②控制台在开启电源开关后,应先检查稳压电源的输出数据及氖灯数码管是否正常,输入信息约5分钟,进行试运行,正常后方可加工。

③线切割高频电源开关加工前应放在关断位置,在钼丝运转情况下,方可开启高频电源,并应保持在60~80 V为宜。停车前应先关闭高频电源。

④切割加工时,应加冷却液。钼丝接触工件时,应检查高频电源的电压与电流值是否正常,切不可在拉弧情况下加工。

⑤发生故障,应立即关闭高频电源,分析原因,电箱内不准放入其他物品,尤其是金属器材。

⑥禁止用手或导体接触电极丝或工件,也不准用湿手接触开关或其他电器部分。

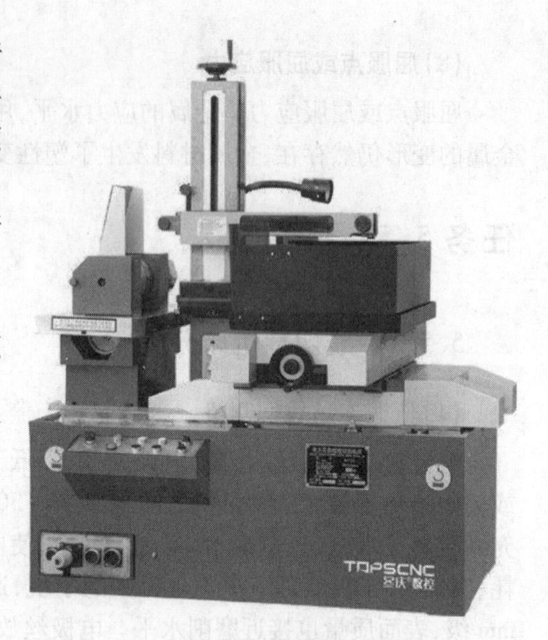

图5.5.2　快走丝线切割机床

5.5.3　金属打印件支撑处理

(1)基板支撑的去除工艺

金属打印件表面支撑去除分为脱离基板和手动钳子扳支撑。

①线切割。金属件脱离基板利用线切割加工,如图5.5.3所示。

②手动去支撑。手动钳子扳支撑,如图5.5.4所示。

图5.5.3　线切割

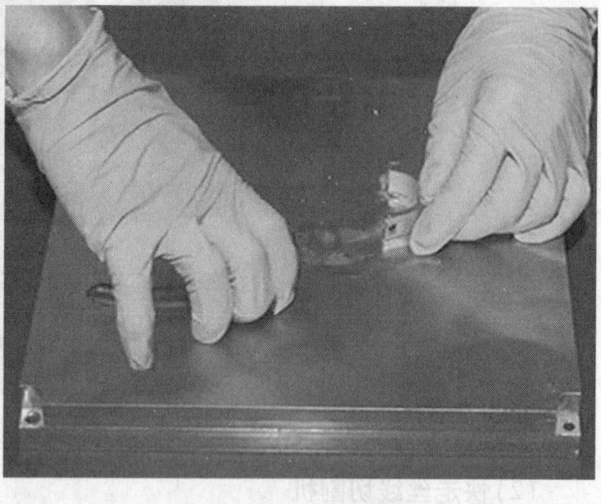

图5.5.4　钳子去支撑

(2)支撑点的去除工艺

打印件从基板剥离后,需要去除打印件上的支撑材料,流程如下:

①用钳子去除打印件上的支撑,如图5.5.5所示。

②用打磨头去除支撑点,如图5.5.6所示。

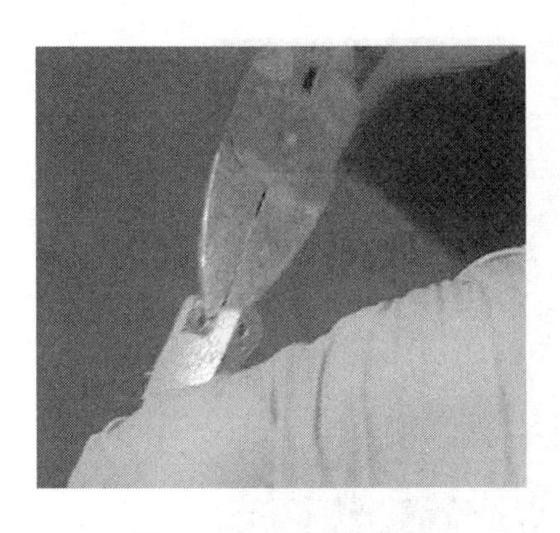

图5.5.5　钳子去支撑

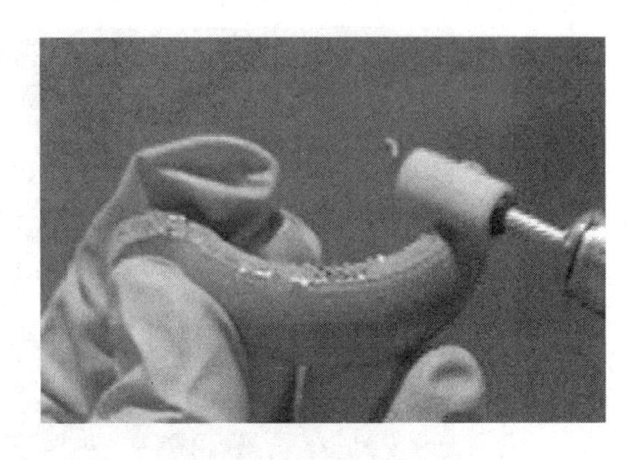

图5.5.6　打磨头去支撑点

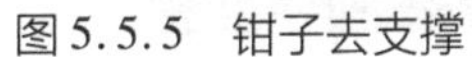

任务5.6　任务实施——工件的支撑处理

步骤一:使用剪钳尽可能剪除工件与基板间的支撑。

剪除支撑时,要注意防止被支撑划伤手。这是因为基板上的支撑同样是金属材质,在用剪钳剪断后是非常锋利的,处理时极易划伤手。

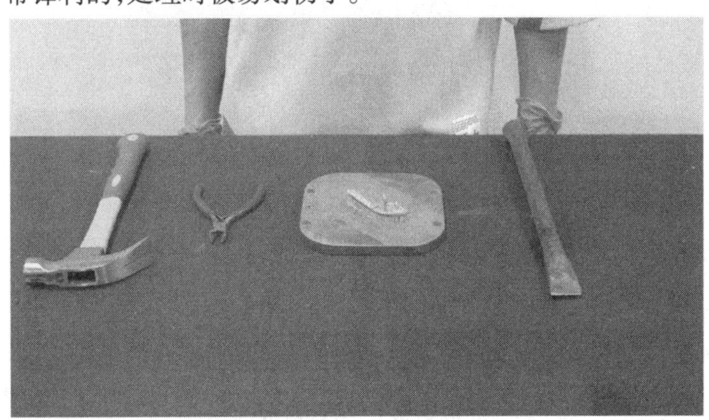

图5.6.1　准备拆除支撑

图5.6.2　剪除支撑

图 5.6.3　剪除完成

步骤二:使用凿子将工件从基板上完全分离开来。

工件与基板间靠支撑连接,面积大的部分,只靠剪钳很难清理,使用凿子和锤子可以很方便地将支撑折断,加快处理速度。

①将基板竖直,准备使用凿子清理支撑,如图 5.6.4 所示。

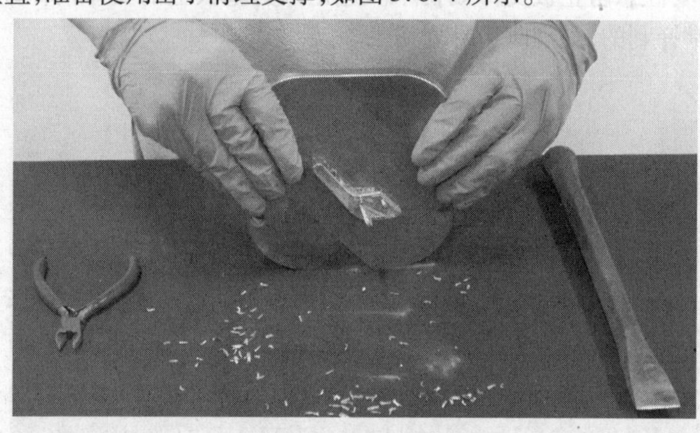

图 5.6.4　竖起基板

②将凿子尖头紧贴基板,一手扶稳,如图 5.6.5 所示。

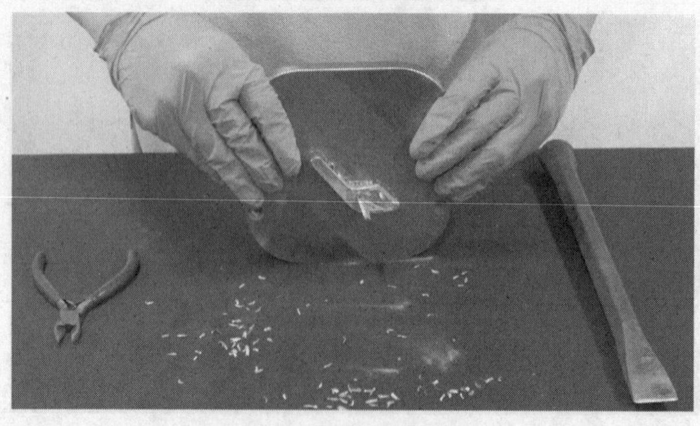

图 5.6.5　准备凿断支撑

③另一手用锤子捶击凿子,捶的时候不可以太用力,以免工件损坏,如图 5.6.6 所示。

图5.6.6　使用锤子

不停重复该过程，但要小心，避免锤子砸手或是在工件剥离后凿伤工件。

图5.6.7　凿断部分支撑

图5.6.8　工件剥离

工件剥离后如图5.6.9所示。

图 5.6.9　汽车把手工件

任务 5.7　任务实施——工件的打磨处理

步骤一:选用合适的打磨头装在打磨机上。

工件在 SLM 工艺设备中制造出来后,表面粗糙度较高,如果使用目数高的打磨头,增加了打磨的工时,增加了耗材的损耗。在打磨中后期,如果选择低目数的打磨头,则会浪费时间,达不到最终的打磨要求。

①选择合适的打磨头并安装,如图 5.7.1 所示。

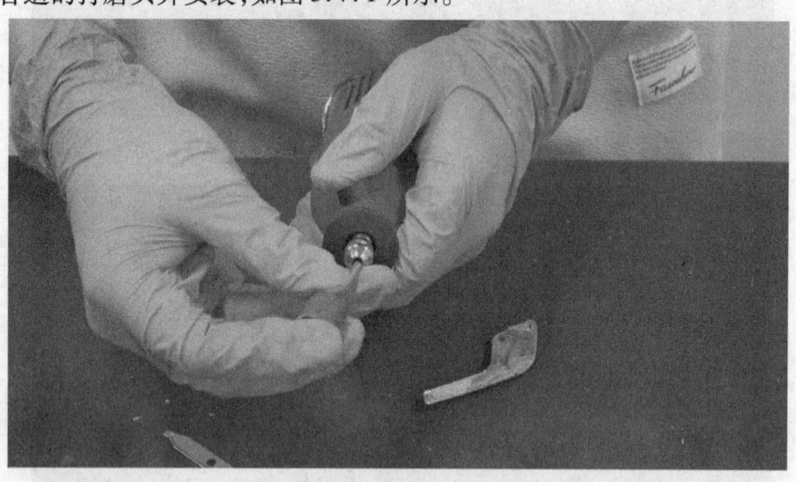

图 5.7.1　安装打磨头

②插入机头,使用专用扳手拧紧打磨头,如图 5.7.2 所示。

步骤二:使用打磨机、锉刀对工件进行打磨。

首先,打磨机机头高速旋转,使用时绝对不可以戴棉纱手套,避免手套被机头缠住,引起事故。其次,综合使用打磨机与锉刀,可以非常大地提升打磨的效率。

打磨头与工件表面接触,并相对运动,同时保持一定力度往工件方向下压,如图 5.7.3、图 5.7.4 所示。

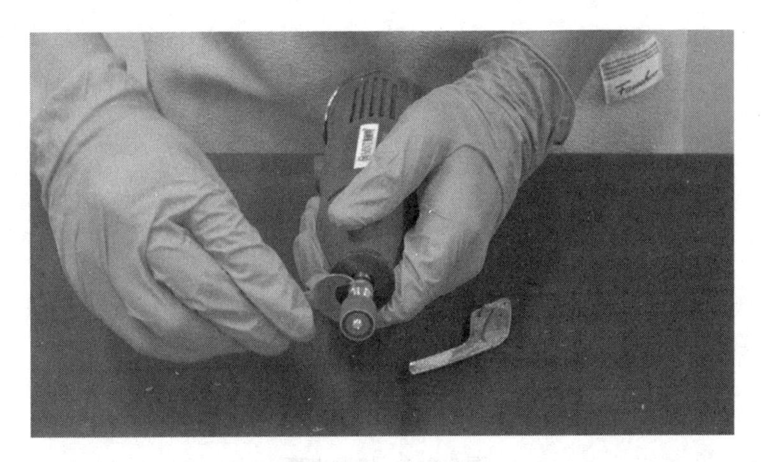

图5.7.2　拧紧打磨轮

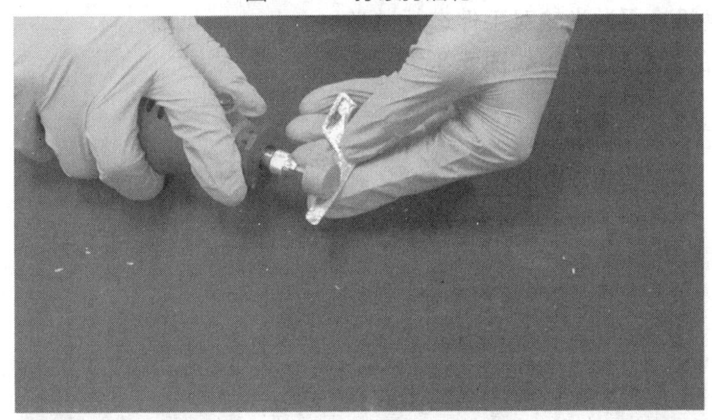

图5.7.3　打磨轮打磨工件

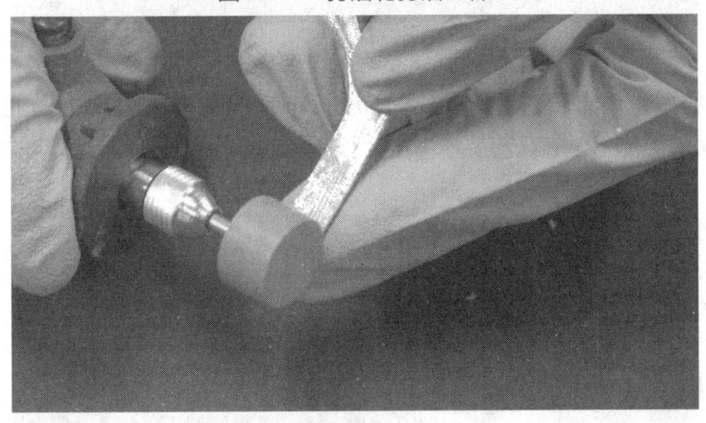

图5.7.4　打磨轮打磨工件

任务5.8　任务实施——工件的抛光处理

步骤一:选用合适的抛光膏挤在工件上,如图5.8.1所示。

本任务选用的任务载体——汽车把手,要求表面为镜面,除了一般的打磨处理,还需要对表面进行抛光处理。

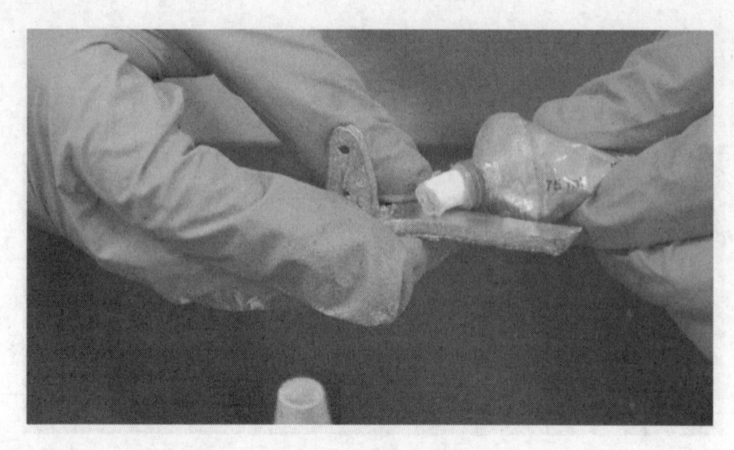

图 5.8.1　挤抛光膏

步骤二:打磨机换用抛光轮对工件进行抛光。

①将打磨用的打磨轮拆下,如图 5.8.2 所示。

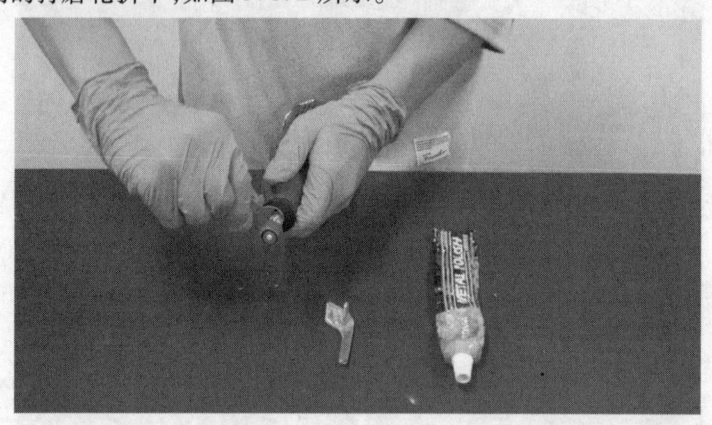

图 5.8.2　拆卸打磨轮

②选择合适的抛光用布轮,如图 5.8.3 所示。布轮的选择需要根据抛光膏的种类、工件材质、抛光工作面的类型、抛光工艺要求来进行选择。选择合适的抛光布轮可以达到事半功倍的效果。

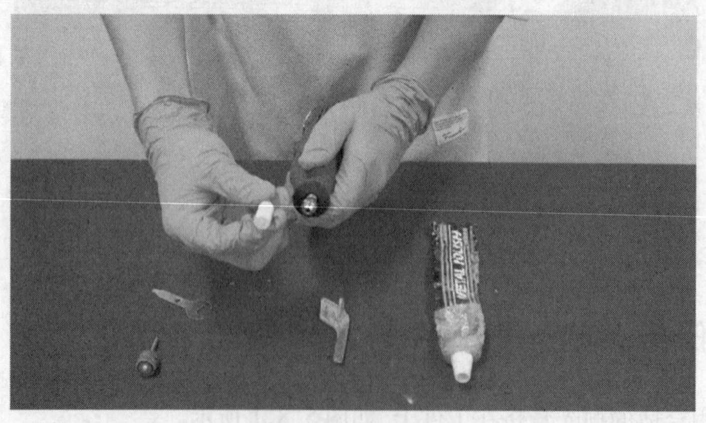

图 5.8.3　选择抛光轮

③将抛光轮插入打磨机机头内,如图 5.8.4 所示。

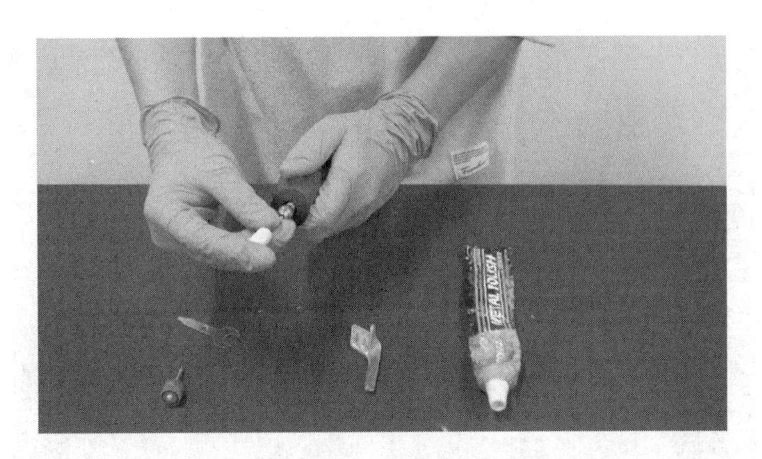

图 5.8.4　安装抛光轮

④使用专用扳手固定好抛光用的布轮在打磨机机头上，如图 5.8.5 所示。

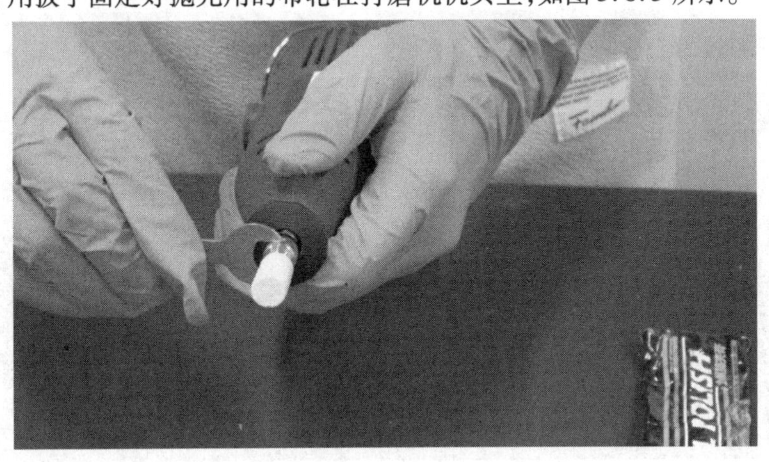

图 5.8.5　拧紧抛光轮

⑤抛光轮的圆柱面与工件表面接触并相对运动，进行抛光，如图 5.8.6 所示。

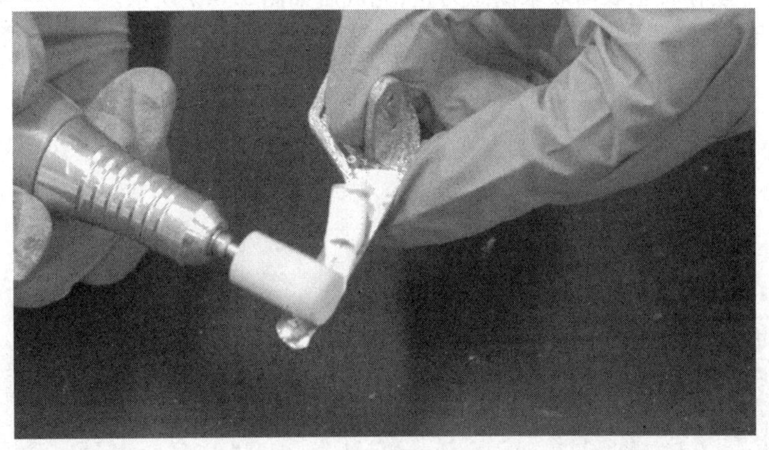

图 5.8.6　抛光工件

⑥在工件表面抛光膏消耗完时，需要重新补充抛光膏，如图 5.8.7 所示。

⑦使用抛光轮继续抛光工件，如图 5.8.8 所示。

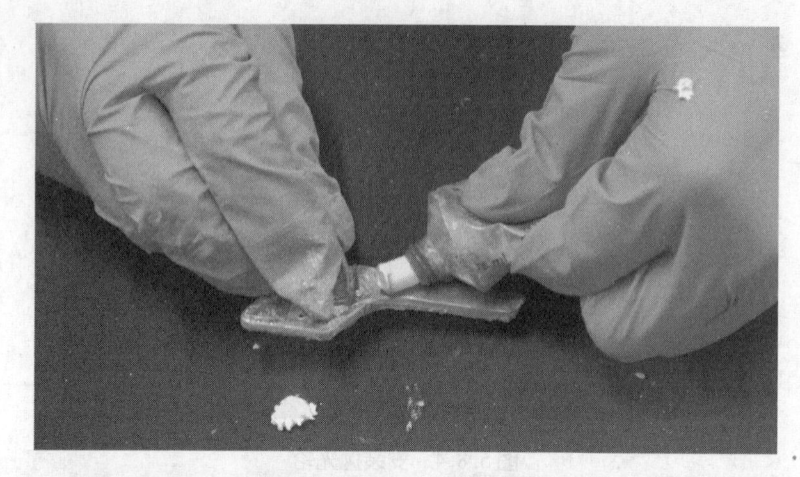

图 5.8.7　第二次挤抛光膏

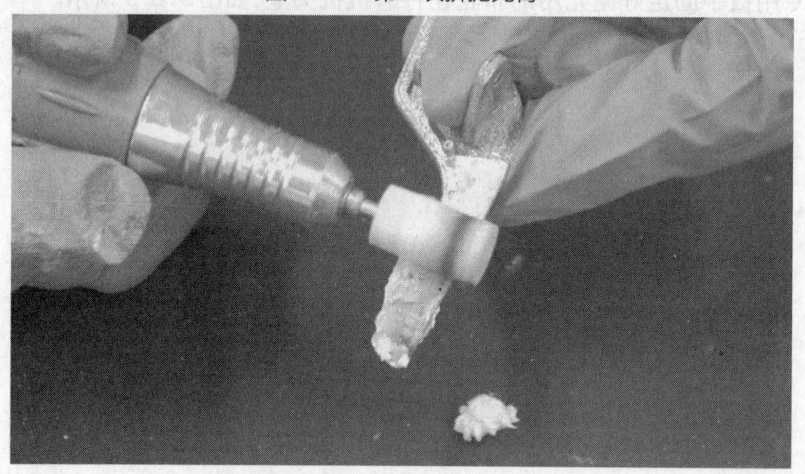

图 5.8.8　抛光工件

⑧重复这个动作直至表面效果满意为止,完成后如图 5.8.9 所示。

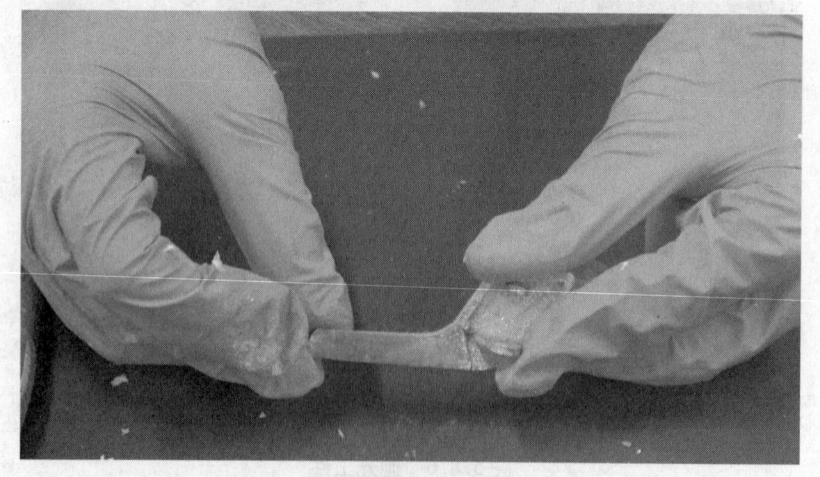

图 5.8.9　后处理完成

扫描项目单卡

训练一项目计划表

工序	工序内容
1	进行支撑处理需要__________、__________、__________。
2	首先______________,然后将工件上的_________清理干净。
3	

训练一自评表

评价项目	评价要点	符合程度			备注
处理操作	安全穿戴	□基本符合 □基本不符合			
	工件拆卸	□基本符合 □基本不符合			
	支撑	□基本符合 □基本不符合			
学习目标	掌握安全穿戴的要点	□基本符合 □基本不符合			
	掌握工具的使用要领	□基本符合 □基本不符合			
	掌握工件支撑处理步骤	□基本符合 □基本不符合			
课堂6S	整理(Seire)	□基本符合 □基本不符合			
	整顿(Seition)	□基本符合 □基本不符合			
	清扫(Seiso)	□基本符合 □基本不符合			
	清洁(Seiketsu)	□基本符合 □基本不符合			
	素养(Shitsuke)	□基本符合 □基本不符合			
	安全(Safety)	□基本符合 □基本不符合			
评价等级	A	B	C	D	

训练一小组互评表

序号	小组名称	计划制订(展示效果)			任务实施(作品分享)		评价等级			
		可行	基本可行	不可行	完成	没完成	A	B	C	D
1										
2										
3										
4										

训练一教学老师评价表

<table>
<tr><td rowspan="2">小组名称</td><td colspan="3">计划制订
（展示效果）</td><td colspan="2">任务实施
（作品分享）</td></tr>
<tr><td>可行</td><td>基本可行</td><td>不可行</td><td>完成</td><td>没完成</td></tr>
<tr><td></td><td></td><td></td><td></td><td></td><td></td></tr>
<tr><td colspan="3">评价等级：A□ B□ C□ D□</td><td colspan="3">教学老师签名：________</td></tr>
</table>

训练二项目计划表

工序	工序内容
1	进行打磨处理前准备____________等工具。
2	首先使用______，然后使用______进行打磨处理。
3	进行打磨处理至表面____________，打磨处理完成。

训练二自评表

<table>
<tr><td>评价项目</td><td>评价要点</td><td colspan="2">符合程度</td><td>备注</td></tr>
<tr><td rowspan="2">处理操作</td><td>安全穿戴</td><td colspan="2">□基本符合 □基本不符合</td><td rowspan="13"></td></tr>
<tr><td>工件打磨处理</td><td colspan="2">□基本符合 □基本不符合</td></tr>
<tr><td rowspan="3">学习目标</td><td>掌握安全穿戴的要点</td><td colspan="2">□基本符合 □基本不符合</td></tr>
<tr><td>使用合适工具完成操作</td><td colspan="2">□基本符合 □基本不符合</td></tr>
<tr><td>掌握工件打磨处理要点</td><td colspan="2">□基本符合 □基本不符合</td></tr>
<tr><td rowspan="6">课堂6S</td><td>整理（Seire）</td><td colspan="2">□基本符合 □基本不符合</td></tr>
<tr><td>整顿（Seition）</td><td colspan="2">□基本符合 □基本不符合</td></tr>
<tr><td>清扫（Seiso）</td><td colspan="2">□基本符合 □基本不符合</td></tr>
<tr><td>清洁（Seiketsu）</td><td colspan="2">□基本符合 □基本不符合</td></tr>
<tr><td>素养（Shitsuke）</td><td colspan="2">□基本符合 □基本不符合</td></tr>
<tr><td>安全（Safety）</td><td colspan="2">□基本符合 □基本不符合</td></tr>
<tr><td>评价等级</td><td>A</td><td>B</td><td>C</td><td>D</td></tr>
</table>

训练二小组互评表

<table>
<tr><td rowspan="2">序号</td><td rowspan="2">小组名称</td><td colspan="3">计划制订
（展示效果）</td><td colspan="2">任务实施
（作品分享）</td><td colspan="4">评价等级</td></tr>
<tr><td>可行</td><td>基本可行</td><td>不可行</td><td>完成</td><td>没完成</td><td>A</td><td>B</td><td>C</td><td>D</td></tr>
<tr><td>1</td><td></td><td></td><td></td><td></td><td></td><td></td><td></td><td></td><td></td><td></td></tr>
<tr><td>2</td><td></td><td></td><td></td><td></td><td></td><td></td><td></td><td></td><td></td><td></td></tr>
<tr><td>3</td><td></td><td></td><td></td><td></td><td></td><td></td><td></td><td></td><td></td><td></td></tr>
<tr><td>4</td><td></td><td></td><td></td><td></td><td></td><td></td><td></td><td></td><td></td><td></td></tr>
</table>

训练二教学老师评价表

小组名称	计划制订（展示效果）			任务实施（作品分享）	
	可行	基本可行	不可行	完成	没完成
评价等级:A□ B□ C□ D□			教学老师签名:________		

训练三项目计划表

工序	工序内容
1	选用________、________进行抛光处理。
2	进行处理前,涂抹__________在产品上。
3	抛光处理产品表面至______________,抛光处理完成。

训练三自评表

评价项目	评价要点	符合程度			备注
处理操作	安全穿戴	□基本符合 □基本不符合			
	工件抛光处理	□基本符合 □基本不符合			
学习目标	安全穿戴要点	□基本符合 □基本不符合			
	掌握工件打磨处理要点	□基本符合 □基本不符合			
	掌握抛光膏的选择	□基本符合 □基本不符合			
课堂6S	整理(Seire)	□基本符合 □基本不符合			
	整顿(Seition)	□基本符合 □基本不符合			
	清扫(Seiso)	□基本符合 □基本不符合			
	清洁(Seiketsu)	□基本符合 □基本不符合			
	素养(Shitsuke)	□基本符合 □基本不符合			
	安全(Safety)	□基本符合 □基本不符合			
评价等级	A	B	C	D	

训练三小组互评表

序号	小组名称	计划制订（展示效果）			任务实施（作品分享）		评价等级			
		可行	基本可行	不可行	完成	没完成	A	B	C	D
1										
2										
3										
4										

训练三教学老师评价表

小组名称	计划制订 （展示效果）			任务实施 （作品分享）	
	可行	基本可行	不可行	完成	没完成
评价等级:A□ B□ C□ D□			教学老师签名:______		

5.9.2　小结

汽车把手产品后处理工序主要为:拆卸工件→清理支撑→打磨产品→抛光产品。

本项目介绍了汽车把手产品后处理整个工艺流程涉及的知识、技能,包括拆卸工件、清理支撑、打磨产品、抛光产品。因汽车把手为礼品,对表面粗糙度等方面要求较高。所以本项目学习需理论知识与实践结合,不断训练,不断提高操作技能并总结经验。

5.9.3　拓展训练

(1)填空题

①拆卸工件一般先________________,再用________________。

②产品打磨完成之后一般需要________________、________________。

③常用材料热处理工艺有________________________、________________________、____________________、____________________。

④丝印工艺一般由________________、________________组成。

⑤SLM 工艺使用原材料有:________________、________________、________________、________________、________________、________________、________________、________________________等。

(2)简答题

①SLM 工艺产品后处理工艺的工艺流程是怎样的?

②钢材后处理工艺一般流程如何?

③线切割机床有哪几种?

④各种热处理工艺都有怎样的工序?

(3)实训

根据本项目内容,制订一个汽车把手产品的后处理工艺流程,并应用相关知识和技能进行后处理操作。